U0821068

中国畜禽种业发展报告2024

ZHONGGUO CHUQIN ZHONGYE FAZHAN BAOGAO 2024

农业农村部种业管理司
全 国 畜 牧 总 站
组编

中国农业大学出版社
China Agricultural University Press
· 北京 ·

内容简介

本书分为综合篇和7个分篇，分篇包括生猪、奶牛、肉牛、肉羊、蛋鸡、肉鸡和水禽7部分。作为反映我国畜禽种业发展的白皮书，本书系统梳理、回顾了2023年我国畜禽种业发展状况，紧紧围绕“三年打基础”目标任务而撰写。本书辅以文字、图表、数据等多种形式，反映2023年畜禽种业发展的新情况、新举措、新成效和新问题，通过分析当前畜禽种业发展形势，研判未来发展趋势。本书是对全国畜禽种业发展形势分析研判的重要参考，对于总结梳理2023年畜禽种业发展成果，促进现代畜禽种业发展有重要意义，适合畜禽行业管理人员、种业生产相关从业者阅读和参考。

图书在版编目（CIP）数据

中国畜禽种业发展报告. 2024 / 农业农村部种业管理司，全国畜牧总站组编. -- 北京：中国农业大学出版社，2024.10. -- ISBN 978-7-5655-3312-9

Ⅰ. S813.2

中国国家版本馆CIP数据核字第20247J3G89号

书　　名　中国畜禽种业发展报告2024

作　　者　农业农村部种业管理司、全国畜牧总站　组编

策划编辑　刘　聪　　**责任编辑**　石　华　刘　聪　蔡恩嘉

封面设计　麦莫瑞文化

出版发行　中国农业大学出版社

社　　址　北京市海淀区圆明园西路2号　　**邮政编码**　100193

电　　话　发行部 010-62818525，8625　　读者服务部 010-62732336

编辑部 010-62732617，2618　　出　版　部 010-62733440

网　　址　http://www.caupress.cn　　**E-mail**　cbsszs@cau.edu.cn

经　　销　新华书店

印　　刷　运河（唐山）印务有限公司

版　　次　2024年11月第1版　2024年11月第1次印刷

规　　格　210mm × 285mm　16开本　14.5印张　324千字

定　　价　120.00元

《中国畜禽种业发展报告 2024》

编审委员会

主　　任： 刘莉华
副 主 任： 魏宏阳　左玲玲　黄路生
委　　员： 孙好勤　谢　焱　杨海生　储玉军　张冬晓　何庆学　王兆国　王　杕　陶伟国　吴凯锋　周晓鹏　聂善明　于福清　张桂香　杜桂林　陆　健　陈瑶生　杨　宁　文　杰　李俊雅　李发弟　宫桂芬

编写委员会

主　　编： 谢　焱　左玲玲
副 主 编： 聂善明　张冬晓　何庆学　于福清　李立望
委　　员： 张桂香　杜桂林　陆　健　刘小红　孙东晓　高会江　王维民　孙从佼　郑麦青　王晓峰　侯卓成　孟　飞
参编人员：（按姓氏笔画排序）

马　毅　马亚宾　王　杕　王　健　王　然　王　磊　王兆国　王启贵　王济民　王起山　王晓峰　王继文　王维民　王雅春　文　杰　计　坚　尹华东　邓　超　厉建萌　田　蕊　田连杰　史建民　白　皓　白文娟　包呼格吉乐图　冯海永　曲　亮　朱　波　朱　砺　刘　刚　刘　杰　刘　瑶　刘一帆　刘大鹏　刘小红　刘丰泽　刘天飞　刘冉冉　刘剑锋　刘婷婷　闫青霞　江宵兵　孙　伟　孙　雯　孙从佼　孙东晓　孙夜晴　孙研研　杜桂林　李　剑　李　亮　李　姣　李　超　李　辉　李　强　李广栋　李发弟　李庆贺　李志超　李转见　李建斌　李俊雅　李慧芳　杨　宁　杨　洋　杨润军　杨朝武　束婧婷　连　玲　吴　健　吴凯锋　邱小田　何　洋　何小龙　何珊珊　余春林　邹剑敏　辛翔飞　汪聪勇　宋　伟　张　哲　张　慧　张　毅　张艺琳　张巧荟　张细权　张桂香　张淑二　张雅惠　陆　健　陈　燕　陈绍祜　陈瑶生　罗　文　周正奎　周思旋　周晓鹏　郑麦青　孟　飞　赵　华　赵小丽　赵书红　赵玉民　赵永聚　赵桂苹　赵善江　侯卓成　昝林森　饶泉钦　姜润深　顾华兵　高会江　高海军　陶伟国　黄　昕　黄加祥　曹永春　曹伟胜　常　卓　常国斌　崔焕先　阎　萍　梁春年　隋鹤鸣　蒋　尧　蒋　琳　韩　旭　韩　威　韩红兵　覃广胜　程文强　程俐芬　舒鼎铭　腰文颖　蔡更元　廖　明

目 录

综合篇

生猪篇

奶牛篇

肉牛篇

肉羊篇

蛋鸡篇

肉鸡篇

水禽篇

2023年是种业振兴行动“三年打基础”的关键之年。习近平总书记在2022年中央农村工作会议上强调“把种业振兴行动切实抓出成效，把当家品种牢牢攥在自己手里”。2023年中央一号文件明确要求，深入实施种业振兴行动。一年来，各地各有关部门认真贯彻落实习近平总书记关于种业的重要指示精神，紧盯种业振兴行动“三年打基础”的目标任务，坚持一张蓝图绘到底，同频共振、同向发力，畜禽遗传资源保护利用、创新攻关、企业扶优、基地提升、市场净化五大行动的年度各项目标任务如期完成，取得明显阶段性成效，为畜禽种业振兴行动迈进“五年见成效”新阶段奠定了坚实基础。

第一章　我国畜禽种业发展概况

资源保护利用方面。全面完成新中国成立以来规模最大、覆盖范围最广、参与人数最多的第三次全国畜禽遗传资源普查（以下简称第三次普查），摸清了全国畜禽遗传资源家底。畜禽遗传资源保护“三道”安全屏障加快构建，159个国家级保护品种的活体保护首次实现全覆盖，国家基因库收集、保存的遗传材料突破135万份，遗传资源保存总量和品种数量居世界第一。生猪领域率先完成全部115个猪品种（类群）的分子身份证构建，成功研发鉴定猪品种的“分子密钥”，鉴定准确率达99%以上，这对其他畜种精准鉴定具有重要借鉴作用。

创新攻关方面。深入实施国家畜禽遗传改良计划和育种联合攻关，加快建设国家种畜禽遗传评估中心，在育种芯片、基因编辑、全基因组选择等关键核心技术和重要品种培育方面取得了一批标志性成果，核心种源自给率超过75%。国产白羽肉鸡品种性能进一步提升；蛋鸡、黄羽肉鸡、肉鸭等种源完全自主可控，具有较强国际竞争力；生猪核心种源自给率超过90%，遗传评估排名前10%的国家核心育种场的种猪综合性能达到国际先进水平；奶牛、肉牛、肉羊等生产性能持续提升，与国际先进水平的差距不断缩小。

企业扶优方面。召开全国种业企业扶优工作推进会，举办首届种业投资说明会暨种业金融论坛，强化政策支持、金融服务和机制创新等。种业企业牵头承担的种源关键核心技术攻关、生物育种重大专项等项目占比超过 60%。国家畜禽种业阵型企业加速发展，创新能力和市场占有率不断提升，企业自主研发的生猪和奶牛育种芯片实现国产替代；自主培育的白羽肉鸡父母代种鸡国内市场占有率达到 25.1%，京红 1 号高产蛋鸡和沃德 188 白羽肉鸡首次实现出口。奶牛种业和肉牛种业阵型企业资产总额较 2020 年分别提高 22% 和 9%，种源销售收入分别增长 26% 和 9%。

基地提升方面。召开全国畜禽种业基地建设推进会，落实各项政策，强化部省联动，加快提升畜禽种业基地现代化水平。现代种业提升工程支持建设种畜禽项目 31 个，总投资 9.28 亿元、比 2020 年增长 61.1%。全国共有种畜禽场（站）9 514 个，比 2020 年增长 5%，良种繁育体系进一步完善。新遴选公布 38 家核心育种场、种公畜站和良种扩繁基地，育种国家队增至 328 家，核心种源保障能力加快提升。国家核心育种场存栏的杜洛克猪、长白猪和大白猪核心群 18.2 万头，可覆盖 80% 以上的商品猪生产；存栏在产的国产祖代蛋鸡 35 万套，可满足商品蛋鸡 90% 以上的用种需求。聚焦生猪、奶牛、蛋鸡、肉鸡、肉羊等主要畜种，以种业为主导产业，创建了一批要素高度聚集、辐射带动有力的现代农业产业园。

市场净化方面。全面实施新修订的《中华人民共和国畜牧法》（以下简称《畜牧法》），修订发布种畜禽进口技术要求，研究起草种畜禽生产经营许可管理办法及技术要求，推进修订畜禽新品种审定鉴定、畜禽遗传资源场区库管理等配套规章，畜禽种业法律制度体系不断完善。种畜禽质量安全监管持续加强，质量标准体系建设取得新成效，进口种畜禽质量不断提升，种业市场秩序更加健康有序。

第二章　畜禽遗传资源保护取得新成效

一、摸清了全国畜禽遗传资源家底

（一）摸清了资源数量

据第三次普查，我国现有畜禽种类 33 种、品种 1 018 个，其中地方品种 604 个（占 59.3%）、培育品种及配套系 281 个（占 27.6%）、引入品种及配套系 133 个（占 13.1%）。我国畜禽品种数量占联合国粮食及农业组织（FAO）登记品种的 12.3%，其中猪、水牛、牦牛、绵羊、山羊、驴、骆驼、鸡、鸭、鹅等品种数量均居世界第一。此外还有蜂、蚕品种资源分别为 39 个和 307 个。我国是世界上畜禽、蜂和蚕遗传多样性最为丰富的国家之一。

（二）摸清了资源特征特性

第三次普查累计测定畜禽、蜂和蚕超 3.1 亿只（头），撰写调查报告 1 500 份，拍摄影像资料和品种照片 450 万幅，建立了全国统一的品种特征特性数据库。我国畜禽遗传资源特征特性各异，特别是在繁殖性能、适应性、耐粗饲、产品品质等方面表现突出，有的品种资源还具有优异的产绒性能和医用药用、竞技观赏价值，携带大量优良特性基因和非特异性免疫基因，是一座珍贵的基因宝库。如莱芜猪、深县猪等品种的肌内脂肪含量高达 10%，能生产出“雪花猪肉”，其肉质细腻、口感香醇、富有弹性、营养价值高；湖羊、小尾寒羊等品种能常年发情，且母性强、乳汁足，经产母羊平均产羔率 260%，远超欧美高产品种，育种价值高；龙岩山麻鸭、绍兴鸭等品种开产早、产蛋多、持续时间长，高产系 72 周龄产蛋数超过 330 个。

（三）摸清了资源安全状况

我国畜禽遗传资源安全水平整体好转，在 604 个地方品种中，八眉猪、秦川牛、湖羊、北京油鸡等 543 个品种处于安全或较低危险状态，河套大耳猪等 61 个品种处于濒危状态，占地方品种的

10.1%，比第二次全国畜禽遗传资源调查（以下简称第二次调查）低 8 个百分点，比 FAO《世界粮食与农业动物遗传资源状况报告》（第二版）发布的世界畜禽濒危水平低 11 个百分点。同时，部分地方品种群体数量呈下降趋势，需关注并加强动态监测。

二、发现了一批畜禽新资源

2023 年，挖掘鉴定了红灯笼猪、肃南牦牛、合川白山羊、皮山红羊、徐海鸡、修水黄羽乌鸡、儋州鸡、粤西卷羽鸡、维西傈家乌鸡、黑水凤尾鸡、羌山云朵鸡、平武红鸡、阳春白鹅等畜禽新资源 13 个。2021—2023 年累计鉴定新资源 34 个，其中在青藏高原及其周边区域挖掘鉴定新资源 18 个，占比达 53%。如帕米尔牦牛对高海拔和极度干旱适应性强，是当地塔吉克族和柯尔克孜族民众乳、肉、毛等生活资料的重要来源，也是山区托运物资和高海拔地区边境巡逻的重要交通工具，被称为固疆守边的“戍边牛”。凉山黑绵羊属于肉毛兼用型绵羊，具有肉用性能好、适应性强等特点，被当地牧民称作“黑色精灵”，与布拖彝族服饰、节庆斗羊以及祭祀（毕摩）等文化习俗有着源远流长的历史沿革，是当地实施产业扶贫和接续乡村振兴的重要产业。粤西卷羽鸡养殖历史悠久，全身羽毛翻卷，又称“麒麟鸡”，具有散热性能好、抗高温环境等特点，是我国珍贵而极具特色的地方品种资源。

此外，第三次普查还找回了 10 个曾宣布灭绝或疑似灭绝的品种资源，这些品种资源分别是项城猪、北港猪、龙游乌猪、豪杆嘴型内江猪、上海水牛、临沧长毛山羊、烟台糁糠鸡、太平鸡、中山麻鸭和黑河马。这些堪称“遗珠”的品种资源历史悠久，具有优良性状，且蕴藏着优异基因，是中国农业文明和丰富地域文化的载体。其中，上海水牛体躯粗大，耐粗饲、耐高热，力大持久。项城猪养殖历史久远，具有产仔率高、耐粗饲、肉质好等特点，是不可多得的珍贵资源。

三、珍稀濒危资源得到有效保护

2023 年，农业农村部新遴选并公布了 10 个国家畜禽种质资源保护单位，对 159 个国家级保种品种中的最后 7 个品种建立了国家保种单位，分别是兰州大尾羊、岷县黑裘皮羊、雷州山羊、岔口驿马、金阳丝毛鸡、矮脚鸡、闽清毛脚鸡，同时首次确定了国家柞蚕基因库。2021—2023 年，累计确定国家畜禽（蜂、蚕）保护单位 227 个，其中保种场 191 个、保护区 25 个、基因库 11 个，所有 159 个国家级保护品种实现了活体保护全覆盖，做到了“应保尽保”。国家家畜基因库资源保存总量突破 135 万份，库存总量、供体数量、品种数量均居世界首位。家禽活体基因库保护鸡品种 46 个、鸭品种 22 个、鹅品种 20 个，蚕基因库保存种质资源 2 000 多份，位居世界前列。在北京建设的国家畜禽种质资源库，在安徽、山东、重庆、新疆等地建设的区域基因库，在畜禽原产地建设的保种场保护区，构建了资源保护“三道”安全屏障。

省级畜禽（蜂、蚕）遗传资源保护体系加快建设。截至2023年年底，累计建设省级畜禽保种场517个、保护区34个、基因库38个，省级蜂保种场20个、保护区13个，省级蚕保种场17个、基因库9个。民间保种是我国畜禽遗传资源保护的基础支撑，第三次普查中发现的新品种资源基本都来自民间自繁自养群体。

太白鸡、樟木牛等一批濒危资源得到抢救性保护。农业农村部开展濒危畜禽遗传资源抢救性保护行动，实施“一品一策”保护方案，明确保护主体，签订“三方”保种协议，压紧压实省级主管部门的管理责任、市县政府的属地责任和保护单位的主体责任。濒危资源抢救性保护纳入中央财政部门预算，带动各地筹措专项资金超过5 000万元，首次成功克隆世界屋脊青藏高原濒危牛——樟木牛和阿沛甲咂牛，群体数量呈现不同程度的增长，抢救性保护工作取得积极成效。

四、畜禽精准鉴定取得新进展

猪种方面率先完成全部115个猪品种（类群）的分子身份证构建，成功研发可区分我国现有猪种的“分子密钥”，基于机器学习方法建立了一套智能化“解密”分析系统——猪种分子身份证系统，鉴定准确率达99%以上（2023年8月在第二届畜禽种业发展论坛首次发布）。完成我国鸡、牛、山羊等畜种基因组测序组装工作，绘制出全基因组遗传变异图谱，加快研发具有自主知识产权的DNA特征库，推进延边牛、中卫山羊、蒙古羊等畜种高质量参考基因组的测序组装工作。制定肉质、高原适应性等表型性状评价的核心指标及量化值，为构建全国统一的表型鉴定体系提供了有力支撑。利用新一代光磁存储技术，以蓝光光碟为介质，长期存储高通量测序数据；充分发挥数据存储、查询、回迁管理等作用，从基因组水平加快建设国家畜禽遗传资源库。

五、以用促保、保用结合成效明显

浙江金华两头乌猪、江西泰和乌骨鸡、黑龙江东北黑蜂、吉林梅花鹿等18个品种资源入选农业农村部2023年全国“土特产”推介名录。重庆荣昌猪养殖系统、西藏工布江达藏猪养殖系统、辽宁西丰梅花鹿养殖系统和新疆昭苏草原马牧养系统成功入选2023年农业农村部第七批中国重要农业文化遗产。以市场为导向、企业为主体、科技为动力，大力推进畜禽遗传资源开发利用，培育了一批特色知名品牌，宁夏滩羊、海南文昌鸡、广东清远麻鸡等产业，产值超100亿元，加快资源优势向产业优势、经济优势转变。

第三章　畜禽种业创新攻关深入实施

一、畜禽遗传改良进展明显

持续实施新一轮畜禽遗传改良计划，重点解决畜禽品种“好不好”“强不强”的问题。2023 年，依托全国畜牧总站建设了国家种畜禽遗传评估中心，规划布局、建设了猪、奶牛、肉牛、羊等遗传评估分中心。中央财政安排转移支付资金 2.99 亿元，支持 217 个国家核心育种场、29 个种公畜站和 36 个奶牛生产性能测定中心，完成 205 万头（只）种畜禽生产性能测定。发布全国种猪遗传评估报告和乳用种公牛、肉用及乳肉兼用种公牛遗传评估概要。

主要种畜禽生产性能明显提升。①生猪方面，2023 年国家核心育种场中大白猪、长白猪和杜洛克猪的公猪达 100 千克体重的日龄时间，比 2020 年分别缩短 3.6 天、3.9 天和 8.2 天，校正背膘厚较 2020 年分别减少 1.0%、3.5% 和 7.3%；母猪总产仔数较 2020 年分别提高 4.2%、5.7% 和 5.5%。②奶牛方面，青年公牛基因组育种遗传进展加快，2021—2023 年母牛的年均产奶量达到 190.88 千克。③肉牛方面，日增重和体重遗传进展明显，2021—2023 年初生、6 月龄和 18 月龄的年均体重分别达到 0.18 千克、1.90 千克和 1.82 千克。④肉鸡方面，2023 年国产白羽肉鸡公鸡和母鸡 42 日龄出栏体重比 2022 年分别增加 159 克和 80 克，料肉比分别降低 0.10 个百分点和 0.08 个百分点。⑤蛋鸡方面，京系列纯系蛋鸡产蛋数比 2020 年增加 6.7 个。⑥水禽方面，2023 年烤炙型北京鸭出栏日龄 37 天，比 2020 年缩短 1 天；中等体型鹅出栏日龄 65 天，比 2020 年缩短 1 天，出栏体重 4.24 千克，比 2020 年增加 0.10 千克；蛋鸭 72 周龄产蛋数 332 个，比 2020 年增加 4 个。

二、育种联合攻关取得新进展

组织开展国家畜禽育种联合攻关，强化部省协同、分工合作，推进攻关任务落实落地，加快技术创新、品种培育、成果转化，并取得了积极进展。2023 年年底，奶牛育种联合攻关示范场育种群存栏 2.1 万头种母牛，平均单产 12 吨；生猪育种联合攻关利用自主研发的基因芯片完成了核心群亲缘关系鉴定；肉羊育种联合攻关成功构建万级规模的基因组选择参考群，自主研发“华羊芯”基因组育种芯片，选育出高繁、快长、节粮、小尾4个湖羊新品系；白羽肉鸡育种联合攻关、强化本品种选育，核心群42日龄体重等进一步提升，父母代繁殖性能更加优异。

三、一批关键技术取得突破

我国在育种芯片、基因组选择、基因编辑等关键技术上取得了一批标志性成果。①育种芯片实现主要畜禽全覆盖。猪、牛、羊、鸡、鸭等领域相继实现突破，推出各类育种芯片30余款。猪方面，研发出1K、3K、5K的猪低密度系列育种芯片和适用于湘猪等地方猪的64KcGPS液相芯片。牛方面，研发出我国首款荷斯坦牛育种的中高密度126K液相芯片。羊方面，研发出覆盖肉、毛（绒）、乳等主要性状的育种芯片13款。鸡方面，研发出神农1号、广芯1号等适合地方鸡种质资源鉴定评价的7款芯片，以及湘芯一号等适合品种培育的3款芯片。鸭方面，研发出北京鸭60K液相芯片和楚鸭1号芯片，分别用于肉鸭育种和蛋鸭育种。②基因组选择育种算法、模型、计算工具等实现全面升级。中国农业大学研发出基因组选择“一步法”（加－显算法MAGE），可对纯种、杂种混合群体显性效应精准估计，同时实现纯种、杂种的育种值评估和杂种优势预测，使全产业链育种成为可能。中国农业科学院北京畜牧兽医研究所提出一种新的猪基因组选配方法，基于长纯合片段构建亲缘关系矩阵，比基于SNPs构建的亲缘关系矩阵具有更快的遗传增益。华中农业大学开发出高性能基因组育种大数据计算新工具——天权（HLBLUP），计算速度快且消耗内存少，并可以全面适配国产鲲鹏生态。③高性能基因编辑技术的应用取得新进展，北京首农食品集团有限公司获得两项基因编辑抗蓝耳病技术发明专利，打通了自主培育抗蓝耳病新品种技术路径。

四、一批优质特色重要品种培育成功

2023年，围绕产业急需、高产高效、产品优质和适应产业转型升级，成功自主培育乡下黑猪、山下长黑、天府黑猪、天府黑兔、容德黑羽小型蛋鸡、天府农华麻羽肉鸭6个新品种。2021—2023年，累计培育39个畜禽（蜂、蚕）新品种及配套系，其中，猪7个、牛1个、羊4个、家禽19个、兔3个、蚕5个。

2023年审定通过的乡下黑猪聚合多个品种的优良特性，遗传基础丰富，肉质细嫩、味道香浓，具有良好的推广应用价值。山下长黑具有体型高大、长速快、肉质好、饲料转化率（FCR）高等优点，可作为我国地方猪性能改良的优质父本。天府黑猪是利用国内地方品种成华猪和国外巴克夏猪培育而成的，具有肉脂白、肉红、皮厚的优势，是制作传统地道川菜“回锅肉”的好原料。容德黑羽小型蛋鸡具有体型小、耗料少、产蛋率高、抗病能力强等特点。天府农华麻羽肉鸭实现了羽色精准高效选育，体型修长，屠宰后毛根残留少，胴体美观，肉质风味好。天府黑兔肉质细嫩香浓，繁殖力和抗病力强，生长速度快，可满足优质肉兔产业用种需求。

第四章　企业扶优取得新成效

一、科研投入不断加大

国家畜禽种业阵型企业不断加大育种创新力度，研发投入超过 23 亿元，比 2021 年提高 30% 以上。企业牵头承担国家重大科技项目比例不断增加。头部育种企业快速转型升级，创新意识增强，研发投入不断加大。广东温氏食品集团股份有限公司在猪和鸡育种上年度投入达 7 000 多万元；北京市华都峪口禽业有限责任公司年研发投入约 5 000 万元，占销售收入 5%。江苏安排 3.78 亿元支持畜禽种业企业承担“揭榜挂帅”项目。新疆安排现代畜禽种业提升项目资金 6 389 万元，支持种业企业开展畜禽种业联合攻关和科研协同创新。

二、创新能力不断增强

基因编辑、全基因组选择等技术在畜禽企业广泛应用，自主研发的生猪和奶牛专用育种芯片实现国产替代。福建圣农食品有限公司等阵型企业加强先进生物及信息技术的应用，加快完善商业化育种体系，自主培育的 3 个白羽肉鸡新品种性能与国际先进水平不相上下，且部分指标更优，产品特性更符合中国人消费习惯，综合效益指数达到或超过国外品种。华西牛与国外主导肉牛品种的性能持平，符合我国肉牛产业发展和市场需求，打破核心种源严重依赖进口的局面，其冷冻精液在国内市场的占有率达到 17.8%。

三、种业市场集中度不断提升

我国已成为全球最大的畜禽种业市场，总资产规模超过 10 亿元的种业企业有 38 家，比 2020 年增加 12 家。全国有 20 家生猪企业的能繁母猪存栏量超过 900 万头，占全国总量的 22%。北京市华都峪口禽业有限责任公司稳居世界蛋鸡育种前三名，已成长为世界上最大的蛋鸡制种企业。奶牛和肉牛种业阵型企业的冻精销量在全国销量的占比分别达到 62% 和 41%。温氏食品集团股份有限公司、北京市华都峪口禽业有限责任公司等一批有国际竞争力的领军企业初步形成，国际影响力不断提升。

第五章　种源保供基地建设扎实推进

一、畜禽良种繁育体系进一步完善

截至 2023 年年底，我国共有种畜禽场（站）9 514 个，其中种畜禽场 8 749 个，比 2020 年提高 8%；种公畜站 765 个，比 2020 年下降 18.1%；种畜存栏量和精液生产量较 2020 年均有大幅提升，畜禽良种繁育体系建设成效明显。

分畜种看，种猪场 4 405 家，较 2020 年增长 14.0%；2023 年年末种猪存栏量 3 890 万头，较 2020 年增长 45.1%。种公猪站 707 家，比 2020 年减少 18.0%；2023 年年末种公猪存栏量和精液生产量分别增加 25.9% 和 24.3%。种蛋鸡场 438 家，其中祖代及以上种鸡场 81 家，比 2020 年增长 30.7%。种肉鸡场 1 409 家，其中祖代及以上肉鸡场 192 家，较 2020 年增长 26.3%。种奶牛场 315 家，2023 年年末存栏量 163.2 万头，比 2020 年增长 67.9%。种肉牛场 292 家，2023 年年末存栏量 32.3 万头，比 2020 年增长 46.8%。种公牛站 47 家，年末存栏量 6 880 头，比 2020 年减少 88.3%；年生产冻精 4 485 万剂，比 2020 年增长 44.7%。畜禽种源供给充足稳定，为畜牧业高质量发展提供了种源保障。

二、国家核心育种场进一步壮大

2023 年印发实施了《国家核心种公牛站遴选标准》，新遴选公布国家核心育种场、种公畜站和良种扩繁基地 38 家，其中首次遴选国家核心种公牛站 5 家。强化国家核心育种场动态管理，对 46 家国家核心育种场进行现场核验，取消 10 家单位的资格。截至 2023 年年底，共有国家核心育种场、种公畜站和良种扩繁基地 328 家，育种“国家队”进一步壮大，核心种源保障能力进一步提高。

分畜种看，生猪核心育种场 103 家，其中大白猪、长白猪和杜洛克猪核心育种场 90 家，2023 年年末核心群存栏量 18.24 万头、较 2020 年增长 43.8%，其中大白猪 12.33 万头、长白猪 3.87 万头、杜洛克猪 2.04 万头；地方品种和培育品种核心育种场 13 家，2023 年年末基础母猪存栏量 1.68 万头。核心种公猪站 9 家，其中广西扬翔秀博种公猪站的种公猪存栏近 7 000 头，年提供精液超 1 000 万剂，是亚洲最大种公猪站。蛋鸡核心育种场（基地）21 家，其中核心育种场 5 家，在产祖代蛋鸡存栏量 35 万套；良种扩繁基地 16 个，父母代种鸡平均存栏量 792.5 万套，年销售商品代雏鸡 7 亿多只。肉羊核心育种场 50 家，2023 年年末核心群种羊存栏量 12.29 万只，其中绵羊 8.86 万只、山羊 3.43 万只。奶牛核心育种场 26 家，2023 年年末种母牛存栏量 14.4 万头，比 2020 年增长 198%；荷斯坦奶牛 305 天产奶量 12.28 吨，比 2020 年增长 25.3%。肉牛核心育种场 48 家，2023 年年末种母牛存栏量 1.5 万头，比 2020 年增长 85%，存栏量最多的是华西牛。核心种公牛站 5 家，年生产冻精 1 723 万剂，销售冻精 1 582 万剂，占全国冻精市场份额的 34.5%。

三、现代种业产业园加快建设

创建了一批要素高度聚集、设施装备先进、经济效益显著、辐射带动有力的现代畜禽种业产业园。如北京平谷区创建的国家现代农业（畜禽种业）产业园，以奶牛、蛋鸡种业为主导产业，辐射带动肉鸡、生猪种业，打造了现代畜禽种业产业集群。内蒙古克什克腾旗创建的国家现代农业（肉羊种业）产业园，建设了具有国际先进水平的肉羊种业自主创新体系。山东未来畜禽种业国家现代农业产业园在济南市钢城区奠基建设，打造了全国首个家畜基因编辑育种创新平台。重庆市荣昌区和四川省三台县创建了国家现代农业（生猪种业）产业园，引领带动西南地区生猪种业创新发展。西藏那曲市色尼区国家现代农业产业园以牦牛种业为主导产业，促进高原生态特色畜牧业持续健康发展。

各地立足产业发展需求和资源禀赋，加强政策引领，加大扶持力度，加快创建省级现代种业产业园和产业集群。如北京市以建设良种蛋鸡产业集群为抓手，全力推动蛋鸡产业高质量发展。广东投入财政资金 3 000 万元，创建 2 个生猪和 1 个白羽肉鸡共 3 个省级种业创新园。四川创建江油、乐至、洪雅 3 个省级现代畜禽种业产业园。

第六章　种业质量安全监管更加有力

一、种业法治水平稳步提升

2023 年 3 月，新修订的《中华人民共和国畜牧法》正式实施，进一步加大了种质资源保护力度，强化了种畜禽生产经营许可管理。编印《中华人民共和国畜牧法释义》，开展《中华人民共和国畜牧法》普法宣传，营造遵法、学法、守法、用法的良好氛围。2023 年 12 月，农业农村部发布新制定、修订的《种猪及精液进口技术要求》《种牛及冷冻精液和胚胎进口技术要求》《种鸡及种蛋进口技术要求》《种羊及冷冻精液和胚胎进口技术要求》和《种兔进口技术要求》，调整优化综合育种值等技术指标，确保畜禽引种安全和质量性能水平。推进修订畜禽新品种审定鉴定、畜禽遗传资源场区库管理等配套规章制度，畜禽种业法律制度体系不断完善。浙江、江西、河南、宁夏、西藏等省（区）启动修订种畜禽管理地方性法规，吉林加快推进肉牛种业管理条例立法工作，贵州制定畜禽种业领域行政裁量权基准，进一步优化营商环境。

二、种业标准体系建设取得新成效

推进畜禽种业标准体系建设，全年立项国家和行业标准 35 项，推动《家畜遗传资源保种场保种技术规范》等 8 项行业标准上升为国家标准，推进《长白猪种猪》《蛋鸡生产性能测定技术规范》等 16 项标准制定、修订。举办首次“猪种业标准走进企业”活动，出版了《猪种业标准解读与关键技术实操指南》，宣贯培训强制性国家标准《种猪常温精液》（GB 23238—2021）及其配套的推荐性国家和行业标准。截至 2023 年年底，我国现行有效畜禽种业标准 276 项，其中国家标准 137 项、行业标准 139 项。各地相继公布了一批区域产业发展急需的地方标准，有关社会组织和企业出台了一批团体标准和企业标准，以政府引导、社会和企业参与的畜禽种业标准体系基本形成。

三、种畜禽进出口取得新进展

自主培育种鸡首次实现对外出口，2023 年 6 月，1.55 万只京红 1 号高产蛋鸡和 1 000 只沃德 188 白羽肉鸡父母代种鸡成功出口坦桑尼亚。

2023 年我国进口种畜禽 82 万余只（头），同比增长 5%。分畜种看，全年进口种猪 6 135 头，同比增长 47.6%，品种包括大白猪、长白猪、杜洛克猪、皮特兰猪和巴克夏猪，主要引自美国（占 57%）、丹麦（占 32%）和法国（占 11%）。进口奶牛种牛 3.5 万头，同比减少 68.1%，品种主要是荷斯坦牛，主要引自澳大利亚（占 60%）、新西兰（占 29%）、乌拉圭（占 6%）和智利（占 5%）。进口肉牛种牛 164 头，品种包括西门塔尔牛和安格斯牛，主要引自新西兰（占 79%）、澳大利亚（占 21%）。进口祖代肉鸡 76 万只，同比增长 28.1%，主要引自美国（占 84%）、新西兰（占 16%）。进口祖代蛋鸡 9 064 只，同比减少 86.3%，品种为巴波娜蛋鸡，全部引自美国。此外，我国分别从澳大利亚、法国、美国进口种羊 2 000 只、种兔 1 000 只和种马 24 匹。

进口遗传材料 109 万剂（枚），主要为荷斯坦奶牛冷冻精液。其中，进口种牛冷冻精液 108 万剂，同比增长 2.27 倍；进口种牛胚胎 4 985 枚，同比减少 26.7%。

四、种畜禽质量安全监管持续加强

一是持续开展全国种业监管执法年活动，加强种畜禽生产经营许可现场检查和质量监督抽查工作。全年抽检 568 头种公牛冷冻精液，其中国产冻精质量合格率 98%，进口冻精质量合格率 89%；抽检 125 头种猪，质量合格率 88%；抽检 528 头种公猪常温精液，质量合格率 93%。二是采集全国种公牛站在群种公牛样品 600 份，建立我国种公牛标准样品库。三是各地加强种畜禽质量安全监管，北京对种畜禽场实行分级分类差异化监管，重庆利用 AI 眼镜等新技术开展种畜禽质量安全智慧执法，河北、湖南、湖北、新疆等省（区）深入推进种畜禽管理信息化建设，种畜禽市场秩序和营商环境得到持续改善。

生猪篇

第一章　发展概况

2023 年，猪地方遗传资源保护体系基本形成，遗传进程不断加快，种业集中度不断提高，供种能力不断加强，质量监管力度逐渐加大，生猪种业稳步发展。

资源保护方面。全面完成第三次普查，新发现和鉴定猪遗传资源 15 个，共认定 140 个猪品种，其中地方品种 89 个（占 63.6%）、引入品种 6 个（占 4.3%）、引入配套系 2 个（占 1.4%）和培育品种（配套系）43 个（占 30.7%）。基本形成了以国家级保护区 7 个、国家级保护场 64 个、省级保种场 132 个为核心的生猪遗传资源多级保护体系。构建完成 115 个猪品种（类群）的分子身份证，研发了区分不同猪种（类群）的“分子密钥”，鉴定准确率达 99% 以上。

创新攻关方面。积极推进全国生猪遗传改良和育种联合攻关。国家核心育种群规模达 20 万头，主要经济性状性能显著提升，2023 年国家核心育种场的大白公猪、长白公猪、杜洛克公猪达 100 千克体重的日龄比 2020 年分别缩短 3.6 天、3.9 天、8.2 天，前 10% 国家核心育种场种猪的综合性能达到国际先进水平。优质瘦肉型猪和黑猪新品种选育及育种新技术研发应用取得进展，乡下黑猪、山下长黑、天府黑猪 3 个新品种通过国家审定。

企业扶优方面。全国 25 家生猪种业阵型企业规模不断扩大、发展良好，共出栏生猪 1.5 亿头，占全国总出栏量的 20.6%，产值超千亿的企业有 2 家、产值超百亿的企业有 5 家，头部企业的市场优势地位日益明显。种猪集中度逐年提升，前十大种猪企业销售种猪 160 万头，占比达 10%，种猪销量超 20 万头的企业有 3 家，种源供给能力持续加强。

基地提升方面。国家生猪核心育种场（站）112 家，其中瘦肉型猪种场 90 家，存栏大白母猪、长白母猪、杜洛克母猪共 18.2 万头；种公猪站 9 家，存栏种公猪 5 506 头，生产精液 758 万剂。2021—2023 年，现代种业提升工程投资建设生猪种业项目 37 个，总投资额达 10.01 亿元，其中中央财政投资 7.03 亿元，带动其他投资 2.98 亿元；覆盖了生猪遗传资源保护、育种创新、性能测定、制（繁）种能力等。

市场净化方面。修订发布《种猪及精液进口技术要求》（农业农村部公告 第 730 号），开展种猪质量监督检查，全年共抽检 125 头种猪，质量合格率为 88%；抽检 528 头种猪常温精液，质量合格率为 93%。12 家核心育种场成为国家级动物疫病净化场，全国猪繁殖与呼吸综合征双阴种猪超过 100 万头。

第二章　生猪遗传资源保护和利用

一、摸清了生猪遗传资源家底

在第三次普查结果中，我国共有猪品种 140 个，约占全球登记猪品种数量的 1/3，是猪遗传资源最丰富的国家。其中地方品种 89 个，占 63.6%；培育品种及配套系 43 个，占 30.7%；引入品种及配套系 8 个，占 5.7%；猪纯种群体数量 1 335.3 万头、能繁母猪 407.1 万头；地方品种群体数量 267.6 万头、能繁母猪 95.1 万头，分别占 20%、23%；培育品种（配套系）群体数量 39.9 万头、能繁母猪 8.6 万头；引入品种（配套系）群体数量 1 027.8 万头、能繁母猪 297.2 万头。

二、新发现和鉴定了一批猪遗传资源

第三次普查重新找回了第二次调查未发现的北港猪、龙游乌猪和项城猪，新发现了猪地方品种 12 个，包括烟台黑猪、五莲黑猪、沂蒙黑猪、里岔黑猪、深县猪、丽江猪、枣庄黑盖猪、豫西黑猪、红灯笼猪、北港猪、项城猪和龙游乌猪。2021—2023 年，新鉴定了豫西黑猪、红灯笼猪和梁山黑猪 3 个具有特色的优良地方品种。

三、猪遗传资源保护得到加强

原产地活体保护和异地基因库保存相结合，建立了活体、遗传材料和分子信息等立体化保护体系，完成了品种濒危等级科学评定，其中共有 35 个猪地方品种受到不同程度的威胁。与第二次调查时的濒危品种相比，第三次普查时的濒危品种（包括濒临灭绝、严重危险和危险）数量有所降低。

（一）活体保种方面

建立了国家级保护区 7 个、国家级保护场 64 个、省级保种场 132 个，建立了国家统筹、分级保护、有效衔接的保护机制。在第二次调查中，处于危险等级的隆林猪、明光小耳猪等品种群体数量已恢复至安全等级。落实“一品一策”保护方案，对35个猪地方品种资源实施了抢救性搜集和保护。

（二）遗传材料保存方面

国家畜禽基因库保存了全部105个中国猪地方品种的基因DNA备份和杜洛克猪、长白猪、大白猪、皮特兰猪、汉普夏猪以及巴克夏猪6个引入品种的基因组DNA备份，保存冻精76万余剂、体细胞1.5万份。

各地积极推进省级猪遗传资源保护体系建设，共建立省级保种场132个、保护区8个。此外，广东、江苏、湖南、湖北、河南、江西、四川、山东等省均建有省级畜禽种质资源库，如广东省畜禽种质资源库依托华南农业大学动物科学学院建立，于2021年12月投入运行，总投资额为5 000万元，总占地面积达3 331平方米，配备智能化管理系统和248台（套）仪器设备，创建了主要畜禽品种的DNA指纹特征库和公共检测平台，建立了广东省主要猪和家禽品种的特异性分子鉴别标准，为地方品种选优提纯、商业品种知识产权保护提供技术支撑。截至2023年年底，该库保存了50个畜禽品种近12万份遗传物质。

四、精准鉴定取得新进展

完成了我国115个不同猪种（类群）的DNA样本采集及基因组测序。通过生物信息学分析和深度学习策略，筛选约1万个单核苷酸多态性（SNP）位点进入猪分子身份证候选库，构成了具有我国自主知识产权的猪种分子身份证系统（图1–1），形成了可用于区分我国现有猪种的“分子密钥”，同时建立了一套基于机器学习方法的智能化“解密”分析系统——猪种分子身份证系统，包含了纯种鉴定、血统成分鉴定以及新资源评估三大功能。其中纯种鉴定功能可快速精确地识别样品为纯种或杂种，鉴定准确率在99%以上；血统成分鉴定功能对非纯种个体的血统组成成分进行鉴定，精准识别非纯种个体中的各祖先品种及其血统占比；新资源评估功能通过与库内品种进行比对的方式，判断待测样本是否为潜在的新资源。猪种分子身份证系统的第1版于2023年8月正式发布。

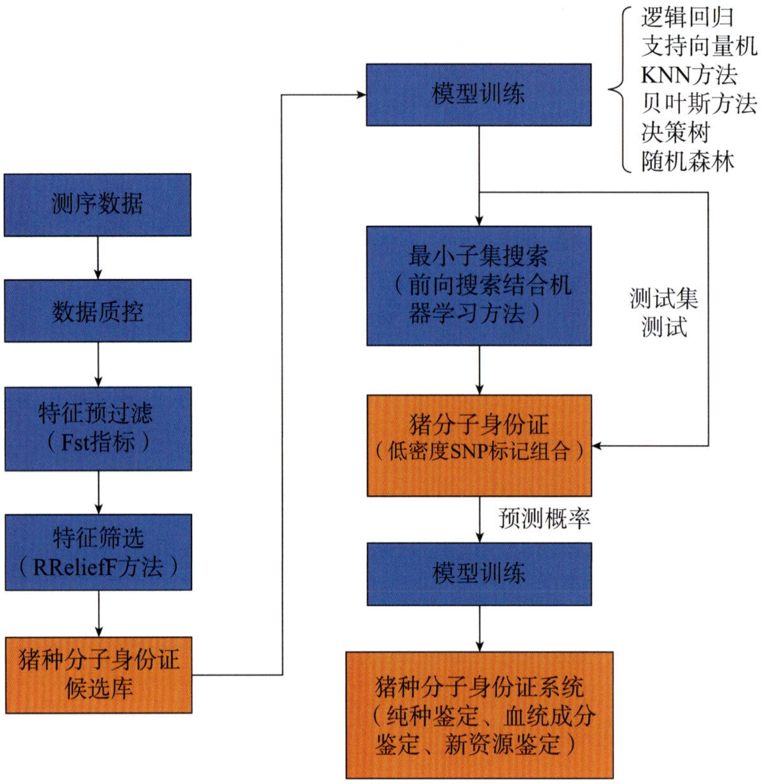

图 1-1　猪种分子身份证系统构建技术路线

五、开发利用模式多样

各地加快地方猪遗传资源的产业化开发和利用，其主要利用模式包括杂交利用、新品种培育和全产业链发展等。

（一）杂交利用

利用地方猪肉质好的特点，通过杂交利用等，开发符合市场需求的优质猪肉产品。利用北京黑猪、壹号土猪、江苏苏太猪、瑶猪、吉林吉神黑猪和精气神黑猪等培育品种或杂优猪生产的优质猪肉已经成功占据一定的市场份额，形成区域性消费市场。

（二）新品种培育

江西山下投资有限公司、广东壹号食品股份有限公司、邛崃市嘉林生态农场等分别与江西农业大学、中山大学、四川农业大学合作，培育了山下长黑猪、乡下黑猪、天府黑猪 3 个新品种，在肉质得到消费者喜爱的同时，产肉效率、生长速度均显著高于原地方猪遗传资源。

（三）黑猪全产业链发展

一是以消费者为导向开发各具特色的猪肉系列产品。针对市场优质风味猪肉需求不断增加的趋势，以现有荣昌猪群中高肌内脂肪含量个体为基础选育出高肌内脂肪含量专门化品系以及生产高档烤乳猪的荣昌猪烤乳猪专门化品系。二是围绕猪地方品种特色开发“土特产”系列产品。农业农村部印发《关于 2023 年全国“土特产”推介活动拟推介“土特产”名录的公示》，青海省海东市互助土族自治县互助八眉猪、婺城区农业农村局金华两头乌、济南市钢城区人民政府莱芜黑猪、江油市人民政府川藏黑猪入选 2023 全国“土特产”推介名录。2023 年 9 月，重庆荣昌猪养殖系统、西藏工布江达藏猪养殖系统被列入“农业农村部第七批中国重要农业文化遗产名单”。三是政府高度重视黑猪全产业链开发。德保县围绕“延长产业链、提升价值链、扩宽供应链”构建三链同构、集群协同的高质量发展模式。内江市在市中区永安镇建设可容纳 60 万头生态内江黑猪农牧循环产业园。华统集团与绩溪县政府签订了生猪全产业链一体化项目投资协议。绵阳江油市坚持全产业链发展思路，在培育壮大“川藏黑猪”优势地方特色产业上下功夫，着力建设“黑白齐飞、黑为特色”的生猪种业现代农业园区。宣威因“火腿”而闻名，从养殖到加工，从产品到市场，小“火腿”已经成长为年产值超过百亿元的大产业。2023 年 9 月 25 日，陆川猪预制菜产品北京推介会暨陆川猪全产业链高质量发展专家论坛在北京国际会议中心成功举办。

立足荣昌猪遗传资源保护　推动全产业链高质量发展

荣昌猪具有适应性强、杂交配合力好、性成熟早、抗逆能力强、遗传性状稳定等特点。近年来，荣昌区积极推进荣昌猪产业的开发和利用，并取得良好成效。

一是强化组织保障。成立区级荣昌猪保种办公室，专门负责荣昌猪遗传资源保护和选种选育及开发利用等具体工作，同时成立由区委、区政府主要负责人任组长的荣昌猪全产业链发展工作领导小组。二是狠抓品种保护。荣昌猪遗传资源保护采用“集中保种 + 分散保种”的方式，建立国家级、市级荣昌猪保种场。三是推进育种联合。采取“科研院所 + 保种场 + 企业”方式，组建科企联合体，构建荣昌猪核心育种群。四是加大开发和利用的力度。以荣昌猪全产业链高质量发展为引领，加大荣昌猪在规模养殖、加工及品牌打造等环节的开发和利用。五是加强政策支撑。整合 2.2 亿元财政资金，支持荣昌猪产业发展。

目前，“荣昌猪”被纳入国家生态原产地保护产品名单和国家级资源保护名录，是中国百强农产品区域公共品牌。荣昌猪肉获得国家绿色食品和国家地理标志证明商标“双认证”。培育“艾迪猪”“琪金荣昌猪”等知名品牌。“荣昌猪”宣传片在中央广播电视总台《原味中国》《品牌强国》栏目播映。

第三章　生猪种业创新攻关

一、生猪遗传改良计划

（一）国家核心育种群规模进一步扩大

截至2023年年底，国家核心育种场的瘦肉型猪种（大白猪、长白猪和杜洛克猪）能繁母猪存栏量18.24万头，比2020年增长43.8%，其中大白猪存栏量12.33万头、长白猪存栏量3.87万头、杜洛克猪存栏量2.04万头。两广小花猪等猪地方品种或培育品种13个，2023年年底能繁母猪存栏量1.68万头、公猪存栏量751头。

2023年，瘦肉型猪在国家核心育种场种猪登记264.2万头（图1–2），比2020年增加20.4%；完成种猪生长性能测定75.1万头，比2020年增加79.2%；繁殖性能记录27.6万条，比2020年增加21.1%。收集33个国家核心育种场3.8万头猪1 816.8万条测定站采食数据，为后续饲料转化效率的遗传评估提供数据支撑。自2010年以来累计收集瘦肉型猪种猪登记数据1 852.4万头、生长性能测定630.1万头、繁殖性能记录278.4万条。国家核心育种场完成猪地方品种或培育品种生长性能测定4.9万头、繁殖性能记录2.4万条。

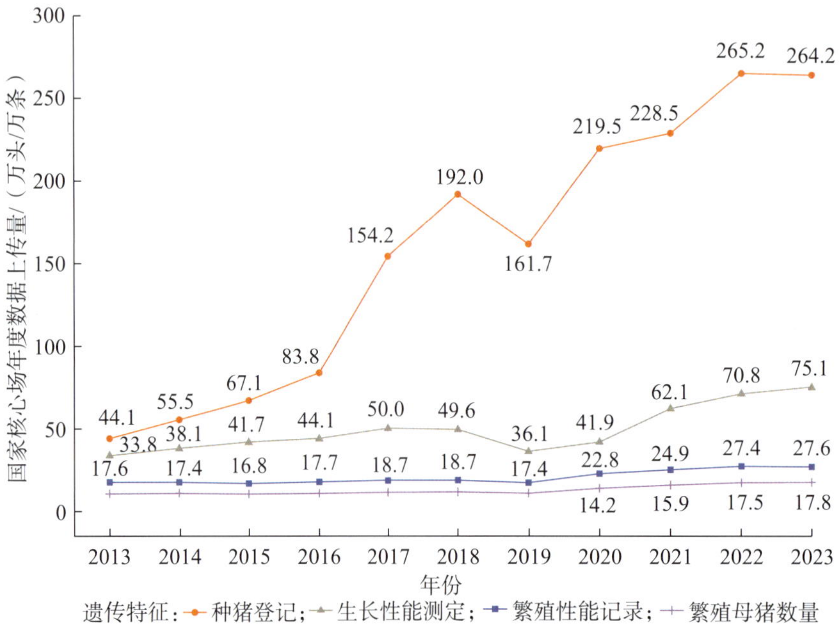

图1-2　近10年国家核心育种场瘦肉型猪种数据上传情况

（二）核心群主要生长性能稳步提升

对于瘦肉型种猪的生长性能而言，与 2020 年相比，大白猪、长白猪和杜洛克猪达 100 千克校正日龄分别缩短 3.67 天、4.05 天和 8.56 天，达 100 千克校正背膘厚分别下降 0.28 毫米、0.41 毫米和 0.37 毫米（表 1–1）。全国前 10% 的国家核心育种场的大白猪、全国前 30% 的国家核心育种场的长白猪和杜洛克猪达 100 千克校正日龄（公猪）分别为 149.20 天、151.20 天和 146.30 天。

表 1–1　2020—2023 年国家核心育种场大白猪、长白猪和杜洛克猪的生长性能成绩

年度	大白猪		长白猪		杜洛克猪	
	达 100 千克校正日龄 / 天	达 100 千克校正背膘厚 / 毫米	达 100 千克校正日龄 / 天	达 100 千克校正背膘厚 / 毫米	达 100 千克校正日龄 / 天	达 100 千克校正背膘厚 / 毫米
2020	163.12	10.95	163.29	11.17	161.17	10.62
2021	164.37	10.93	162.53	10.80	162.09	10.33
2022	163.27	10.94	161.05	10.70	158.45	10.45
2023	159.45	10.67	159.24	10.76	152.61	10.25

在瘦肉型种猪的繁殖性能方面，2023 年大白猪、长白猪总产仔数分别达到 13.96 头和 13.73 头（表 1–2），比 2020 年分别提高 0.56 头和 0.97 头。全国前 10% 的大白猪国家核心育种场和全国前 30% 的长白猪国家核心育种场的总产仔数分别达到了 16.83 头和 15.60 头。

表 1–2　2020—2023 年国家核心育种场大白猪和长白猪的繁殖性能成绩

年度	大白猪		长白猪	
	分娩记录 / 万窝	总产仔数 / 头	分娩记录 / 万窝	总产仔数 / 头
2020	15.19	13.40	4.95	12.99
2021	16.50	13.30	4.85	12.88
2022	19.20	13.64	6.05	13.51
2023	19.04	13.96	5.73	13.73

（三）遗传评估平台不断完善

2023 年，国家猪遗传评估中心开发“全国种猪基因组遗传评估系统”，实现了基因组数据自动上传和基因组选择遗传评估分析，累计收集国家核心育种场 7.03 万头种猪的芯片数据，为育种企业提供了 128 次种猪基因组选择遗传评估服务，评估种猪约 300 万头。完成国家核心育种场的育种数据上传与核验工作，共发布各项遗传评估报告 17 份，包括月度评估报告 12 份、季度评估报告 4 份和年度评估报告 1 份。

（四）新育种技术方法的应用和推广

表型自动化、智能测定设备研发取得积极进展，自主研发多款猪自动饲喂测定站，可实现猪采食量、日增重、饲料转化效率、采食行为等信息的采集和分析，设备称重精度高。自主研发的猪育种专门化芯片——中芯一号，芯片性能参数达国际领先水平。此外，研发并推出多款低密度系列育种芯片、液相芯片，降低了芯片检测成本，提升了国产芯片的针对性和特色。

低密度芯片应用效果良好

中国农业大学、北京市畜牧总站等单位联合开发的低密度猪系列育种芯片包含 3 种密度：1K、3K、5K。该芯片在设计上使用了最新的低密度芯片设计策略“Block-free”。该方法通过机器学习相关算法兼顾了降低密度，保证位点的均匀性、多态性等多个目标，且在位点设计中加入了育种企业关注的遗传缺陷（脐疝、乳头内陷、骨软骨病）和主要性状优势基因位点，从 2023 年 7 月开始推广和使用。3 款芯片位点平均检出率均达到 99%。目前该芯片已在北京中育种猪有限责任公司等多家育种企业应用，已检测 3 500 个样本，主要用于企业的核心群梳理、系谱推断、仔猪早期选择和基因组遗传评估等。

二、优质瘦肉型猪育种联合攻关

2023 年，优质瘦肉型猪育种联合攻关持续开展，优质瘦肉型猪选育及育种新技术的研发与应用取得新进展。

（一）推动跨企业育种联合

9 家育种企业的 23 个核心育种场开展了杜洛克猪、长白猪和大白猪资源群体组建、优化及持续选育。核心群种猪存栏量达 32 436 头，其中杜洛克母猪 4 930 头、长白母猪 4 204 头、大白母猪 23 302 头。通过种猪推广、精液交换等措施，建立了跨场间遗传交流，实现了企业间育种联合。

（二）基因组选择技术加速推广和应用

华中农业大学吴珍芳团队搭建了覆盖全球 44 个猪种的公益性种猪基因组填充（SWine IMputation，SWIM）数据库。通过对 4 款不同基因芯片开展基因型填充，不同款基因芯片在填充平台的填充准确性（基因型一致性）为 97.42%~98.79%，构建了 3.5 小时内处理百万级数据的企业基因组选择共享平台，突破了不同育种公司大型基因分型数据难以合并的瓶颈，不同款基因芯片的基因型数据真正实现互联互通。组建了联合攻关基因组选择应用平台，实现联合攻关合作单位的信息共享、技术共享，研发了高性能基因组育种大数据新工具——天权（HIBLUP）。

（三）智能表型测定技术研发进展明显

围绕育种表型数据测定效率低和准确性差的难题，开展重要表型数据的智能化采集工作。开发肉质性状的快速智能测定技术，将光学技术应用于肉质性状的测定，与肉质成分，如脂肪、水分、蛋白质、瘦肉、胶原等经典测定方法的关联率可达 95% 以上。利用高光谱成像光谱耦合纹理特征可评估猪肉脂肪和水分含量的空间分布。开展智能电子耳牌的研发和应用工作，用于种猪个体的识别、转群等，并成功实现与企业自有数据系统对接。

（四）持续开展基因挖掘及繁殖效率提升技术研究

瞄准第四代基因设计育种技术应用，持续开展料重比、母猪悬蹄及泌乳性能、产仔数、初生窝重、乳头数、抗病及肉质等性状基因挖掘。发现了子宫内膜来源的功能蛋白——MEP1B 蛋白能够通过外泌体介导的方式被靶向运输到胚胎滋养层细胞，促进了细胞增殖与迁移，从而调控胚胎着床。在养猪生产中，通过向子宫深部输精的方式把包含特定功能分子的外泌体递送到子宫内，以促进胚胎着床。

三、地方猪育种联合攻关

（一）猪基因组分子设计育种 KIS 法 2.0 发布

更新升级动物分子设计育种方法——亲缘指数选择法（KIS 法 2.0）及网络平台（图 1–3）。KIS 法已被整合到新华猪业系统中。该系统包含我国 70 多个地方品种和 5 个引进品种猪基因组信息，可根据不同的育种目标，指导基于基因组信息筛选亲本种群、系祖、设计杂交模式，基于基因组信息的选种选配等。

图 1-3　KIS 法分子设计育种平台

（二）新品种与专门化品系培育稳步推进

综合运用分子设计与数字化育种技术，在优质高效猪配套系培育方面取得阶段性进展。2023 年，白金花猪配套系和椰岛黑猪均完成第三方检测，目前每年可提供椰岛黑猪种猪 3 000 头、育肥商品猪 15 000 头。吉神黑猪三个品系的选育工作获得持续进展：母系（Gd 系）核心群母猪窝产活仔数平均育种值（EBV）提高 0.1 头；父系（Gs 系）完成 G2 世代性能测定，210 日龄平均体重比原有吉神黑猪增加 18 千克；终端父本（Gt 系）完成 G3 世代性能测定，210 日龄平均体重比原有吉神黑猪增加 20 千克。

四、育种关键核心技术攻关进展

（一）种猪性能测定与表型组

应用表型组技术开展种猪性能测定是生猪育种技术攻关的重要方向。2023 年，基于摄像头表型组的计算机视觉技术在猪表型组获取与分析中的应用更加成熟。通过图像表型组解析，可完成体重、体尺乃至系水力等重要经济性状的测定；基于深度学习算法模型，利用摄像头采集数据，成功实现猪只个体体重的非接触式测定；利用 CT 扫描，瘦肉率、脂肪率、背膘厚、骨率和眼肌深度等胴体性状以及肌内脂肪含量等肉质性状可以被精准预测。这些技术为我国生猪智慧养殖与育种提供了重要的技术支撑。

（二）猪重要经济性状遗传解析

2023 年，整合表观组学技术、单细胞组学技术，开展猪重要经济性状遗传解析的趋势更加明显。基于 scRNA-seq 和 scATAC-seq 单细胞组学技术，研究者在单细胞水平上描绘了发育过程中的猪体节与肌节的基因表达与染色质开放图谱，鉴定了肌肉发育过程中的关键转录因子——EGR1 和 RHOB，揭示了猪骨骼肌发育的上游调控网络。基于表观组学技术，整合猪的全基因组关联研究（GWAS）和表观基因组数据，*BMP2* 基因被判定为是最有可能与腰部肌肉深度（LMD）相关的候选基因；利用 ChIP-seq、MNase-seq、Hi-C、ATAC-seq、RNA-seq 技术，研究者创建了猪基因组 TEs 图谱，评估了 Young SINEs 对组织特异性基因表达的贡献，发现了 Young SINEs 由于组蛋白修饰、DNA 甲基化和染色质可及性降低而沉默。

（三）遗传评估方法学研究

基因组选择技术是目前畜禽遗传评估的主流技术。自 2023 年以来，我国遗传评估方法学研究呈现并跑，甚至领跑国际同行的趋势。例如，华中农业大学开发的高性能基因组育种大数据新工具——天权（HIBLUP）被 *Nucleic Acids Research* 评为“突破性进展论文”。该研究提出了更适合基因组育种大数据计算的“HE+PCG”新策略，开发出高性能基因组育种大数据新工具“HIBLUP”，为开展基因组高效选种及精准选配研究和产业应用提供了国产化解决方案。

（四）遗传育种数字化平台

2023 年，华中农业大学搭建的动物跨物种多组学知识库——IAnimal 对猪等 21 个物种的 WGS、RNA-Seq、ChIP-Seq、ATAC-Seq 等生物多维组学数据以及文献组学数据进行了统一清洗和分析，为大数据驱动的动物智能育种奠定了基础。针对猪基因组单倍型构建和选择信号检测，构建了覆盖全球多品种、大样本的千猪单倍型数据库。此外，lncRNASNP、GWAS Atlas 和 MethBank 等多个数据库平台在 2023 年顺利完成更新，增加了包括猪在内的多个物种数据，为重要经济性状遗传解析、猪表观遗传调控机制研究提供了重要数字资源。

五、新品种（配套系）培育

2023 年，山下长黑猪、乡下黑猪和天府黑猪 3 个新品种通过国家审定并获得新品种证书，有力推动了我国黑猪产业化的进程。

（一）育成第一代父本山下长黑猪新品种

运用现代生物技术、遗传学原理和大数据技术，对猪种进行了精准筛选和改良，结合传统育种经验，不断优化育种方案，最终培育出山下长黑猪新品种。该品种不仅生长速度快、瘦肉率高，而且适应性强、抗病力好。

（二）聚合国内外优质猪种资源，培育乡下黑猪

通过收集与应用国内外遗传资源，坚持科企育种联合攻关，以商业化、市场化为导向，成功培育出广东省首个黑猪新品种——乡下黑猪。乡下黑猪的肌内脂肪含量为 3.7%，具备“雪花肉”的特征。

（三）培育“皮厚肉糯”、适合回锅肉的天府黑猪新品种

天府黑猪是以四川省地方猪种——成华猪为主要育种素材而培育的黑猪新品种。该品种皮厚肉糯、肉香味浓、肉色鲜红、易于咀嚼，呈现独特的皮厚性状，适合用作回锅肉食材，能很好地满足四川及其他西南地区消费者对附带厚皮优质猪肉的特殊消费偏好。天府黑猪具有繁殖性能高、生长快、耗料少、耐粗饲和适应性广等优良特征。

第四章　生猪种业企业扶优

一、企业规模不断扩张

2023 年国家生猪种业阵型企业进一步壮大。在 25 家生猪种业阵型企业中，牧原食品股份有限公司（1 108.61 亿元）和新希望六和股份有限公司（1 417.03 亿元）2 家企业的产值超千亿元，温氏食品集团股份有限公司（899.21 亿元）等 7 家企业的产值超百亿元，产值在 10.00 亿 ~100.00 亿元的企业有 7 家。21 家生产外种猪的企业总计生猪出栏量超过 1 5087.60 万头，产值达 4 570.66 亿元。地方猪养殖企业产值持续上升，涌现了吉林精气神有机农业股份有限公司和广东壹号食品股份有限公司等产值均超 10.00 亿元的企业，4 家生产地方猪的阵型企业总计生猪出栏量为 201.00 万头，产值达 60.00 亿元。

二、种源供给能力持续增强

国家生猪种业阵型企业不断加大投资力度，建设原种场、扩繁场，提升种猪存栏量，完善繁育体系。生猪出栏量超过 1 000 万头的阵型企业有牧原食品股份有限公司（6 381.60 万头）、温氏食品集团股份有限公司（2 626.22 万头）和新希望六和股份有限公司（1768.00 万头），这三家企业规模优势明显。生猪出栏量为 100.00 万 ~1 000.00 万头的企业有 11 家（表 1–3）。各大企业积极布局祖代场、扩繁场，打造种猪生产供应基地，构建全产业链格局。

表 1–3　2023 年国家生猪种业阵型企业概况

省（区、市）	企业名称	产值 / 亿元	生猪出栏量 / 万头	种源基地布局区域
北京	北京大北农科技集团股份有限公司	108.50	605.00	山东、安徽、福建、内蒙古、陕西、黑龙江
	北京顺鑫农业股份有限公司	5.88	30.00	北京、河北、陕西
	北京中育种猪有限责任公司	1.62	15.61	北京、河北承德市、黑龙江大庆市

续表 1–3

省（区、市）	企业名称	产值 / 亿元	生猪出栏量 / 万头	种源基地布局区域
内蒙古	赤峰家育种猪生态科技集团有限公司	1.80	15.55	内蒙古赤峰市
上海	上海祥欣畜禽有限公司	0.82	2.87	上海、江西等地
江苏	史记生物技术（南京）有限公司	17.50	26.89	安徽、江苏、广西等地
福建	福建傲农生物科技集团股份有限公司	194.58	585.90	福建：漳州市、龙岩市；江西吉安市
江西	江西正邦科技股份有限公司	69.92	547.85	江西：金溪县、赣州市安远县、抚州市、抚州市临川区
	江西加大农牧有限公司	16.95	57.56	江西、广东、广西、福建、湖南、云南等地
河南	牧原食品股份有限公司	1 108.61	6 381.60	河南
	河南省谊发牧业有限责任公司	1.80	8.70	河南：鹤壁市、南阳市，河北邯郸市
湖南	佳和农牧股份有限公司	20.90	155.00	湖南、广东、四川、浙江
	湖南省现代农业产业控股集团有限公司	219.14	311.00	湖南：长沙市、常德市、郴州市、益阳市等
广东	温氏食品集团股份有限公司	899.21	2 626.22	安徽滁州市；黑龙江黑河市；云南普洱市；山西忻州市；四川南充市；江西：赣州市、上饶市；福建漳州市；贵州黔西南州；湖南永州市；安徽合肥市；四川成都市大邑县
	深圳市金新农科技股份有限公司	40.40	104.69	湖北武汉市、福建南平市、广东韶关市、黑龙江伊春市
	广东德兴食品股份有限公司	10.00	100.00	吉林辽源市；广东：广州市、清远市、汕头市
广西	广西扬翔集团股份有限公司	126.40	469.00	广西、湖南、河南、湖北、沈阳
	广西农垦永新畜牧集团有限公司良圻原种猪场	70.40	409.00	广西南宁市
四川	四川德康农牧食品集团股份有限公司	122.55	708.36	安徽六安市；广东肇庆市；广西贵港市；贵州：安顺市、贵阳市、黔南州、黔西南州、铜仁市、遵义市；江苏宿迁市；江西上饶市；内蒙古：包头市、兴安盟；四川：达州市、广安市、眉山市、内江市、自贡市、宜宾市；云南玉溪市；重庆：合川区、万州区、忠县
	新希望六和股份有限公司	1 417.03	1 768.00	四川：绵阳市、成都市；广西：来宾市、武鸣区；山东淄博市；江西峡江县；湖北十堰市
	四川铁骑力士食品有限责任公司	116.65	158.80	四川：绵阳市、凉山州、广元市；重庆南川区；贵州铜仁市；黑龙江绥化市；云南昭通市
	总计	4 570.66	15 087.60	

三、“育繁推”一体化经营模式日益成熟

国家生猪种业阵型企业大力实施“育繁推”一体化，通过多种紧密型利益联结机制，打通全产业链条。例如，四川德康农牧食品集团股份有限公司按照“自繁自养、农场托管”的发展思路，以龙头带动家庭农场，建立区域化、专业化、标准化的养殖基地，实现产供销一体化。广西扬翔集团股份有限公司积极扶持家庭农场，通过“公司＋基地＋农户”模式带动农户增收致富，建立了生猪、饲料、食品“三位一体”的现代农牧产业链。生猪种业正加快从“种、养、加、销”分离向全产业链创新融合发展的转变。

四、猪地方品种资源保护、开发和利用不断加快

在 25 家阵型企业中，养殖猪地方品种的企业有 4 家。吉林精气神有机农业股份有限公司以北京黑猪作为育种素材，培育出优质黑猪新品种——吉神黑猪，实现了北京黑猪的市场化开发。广东壹号食品股份有限公司建有华南地区规模最大的广东小耳花猪纯种母猪群，能繁母猪 2.3 万头。重庆琪泰佳牧畜禽养殖有限公司持续推进荣昌猪保种和本品种选育，占荣昌猪市场份额超 55%。四川德康农牧食品集团股份有限公司积极开展内江黑猪的保种、开发和利用，构建了集保种、品种选育、屠宰加工、连锁经营等为一体的“内江黑猪”全产业链发展模式。

第五章　生猪种业基地提升

一、生猪育种场（种公猪站）建设

截至 2023 年年底，全国种猪场 4 404 个，存栏量 3 890.2 万头，其中能繁母猪存栏量 977.8 万头，年提供种猪 1 725.1 万头；种公猪站 707 家，种公猪存栏量 16.3 万头，生产精液 5 124.8 万剂，可满足我国养猪生产种源更新与生产的需求，也可支撑全国年出栏量达 8 亿头商品猪的繁育体系。

（一）国家生猪核心育种场（站）

2023 年新增国家生猪核心育种场 6 家，其中地方猪核心育种场 4 家；新增国家核心种公猪站 1 家；对 20 家核心育种场进行现场核验。2023 年全国共有国家生猪核心育种场 112 家，其中瘦肉型猪 90 家、地方或培育品种 13 家、种公猪站 9 家（图 1–4）。全国 90 家瘦肉型猪国家核心育种场存栏大白母猪、长白母猪达 16.2 万头，可年提供大白后备种母猪或长白后备种母猪约 112 万头。

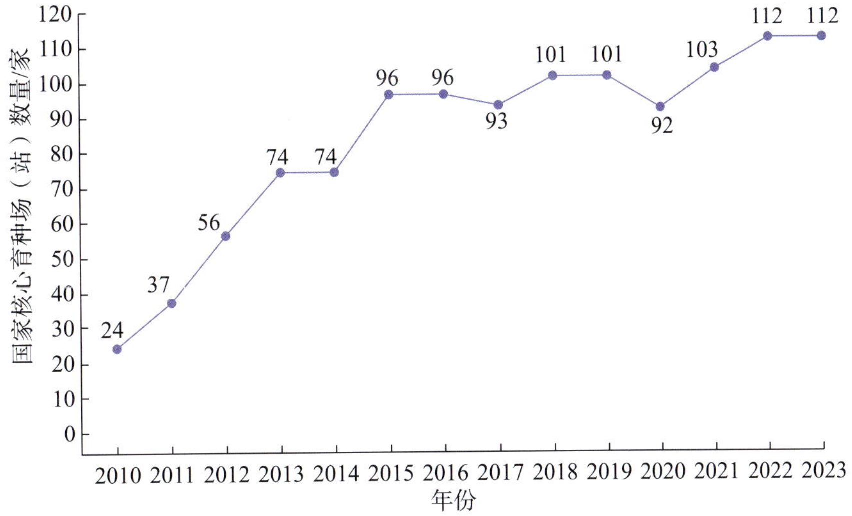

图 1–4　2010—2023 年国家生猪核心育种场（站）数量变化

（二）国家核心种公猪站

2023 年年末，9 家国家核心种公猪站存栏种公猪达 5 506 头（表 1–4），其中大白猪、长白猪、杜洛克猪、皮特兰猪和皮杜二元猪分别为 1 559 头、1 228 头、2 613 头、52 头和 54 头。全年生产精液 758 万剂，可满足 380 万个胎次母猪配种需求。

表 1–4　2023 年国家核心种公猪站的种公猪存栏情况

头

序号	国家核心种公猪站名称	大白猪	长白猪	杜洛克猪	皮特兰猪	皮杜二元猪	总数
1	吉安市傲宝生物科技有限公司	82	185	398	0	0	665
2	广西贵港秀博基因科技股份有限公司	275	265	627	0	0	1 167
3	湖北金旭种公猪站有限公司	172	28	310	0	0	510
4	河南精旺猪种改良有限公司	191	130	176	12	7	516
5	广西农垦永新畜牧集团有限公司良圻原种猪场	129	136	171	40	47	523
6	上海祥欣种公猪站（普通合伙）	122	163	217	0	0	502
7	湖南湘猪科技股份有限公司	346	57	115	0	0	518
8	兰州正大食品有限公司	155	146	270	0	0	571
9	山东傲农种猪有限公司	87	118	329	0	0	534
合计		1 559	1 228	2 613	52	54	5 506

（三）省级生猪核心育种场和保种场

据统计，全国共建省级生猪核心育种场 99 个，其中较多的省有湖南（18 个）、广东（15 个）、四川（12 个）、安徽（12 个）、江西（11 个）和河北（10 个）；全国共建省级地方猪保种场 132 个，其中较多的省有安徽（16 个）、湖南（15 个）、山东（13 个）、江苏（12 个）、贵州（8 个）和广东（7 个）。

二、种猪产业园区建设

近年来，先后建设了广东新兴县国家现代农业（畜禽种业）产业园、北京平谷国家现代农业（畜禽种业）产业园、四川三台县生猪种业现代农业园区等以种业为核心的国家产业园。广东新兴县国家现代农业（畜禽种业）产业园以生猪种业和家禽种业为主要建设内容。北京平谷国家现代农业（畜禽种业）产业园则重点建设蛋鸡、肉鸡、肉鸭、奶牛和生猪五大畜禽种业产业。四川三台县生猪种业现代农业园区则以生猪种业为唯一的建设内容。各地相继建设省级生猪种业产业园共 18 个，如广东湛江市小耳花猪种业创新产业园、四川江油生猪种业现代农业园区等。

广东新兴县国家现代农业（畜禽种业）产业园

广东新兴县国家现代农业（畜禽种业）产业园以新兴县新城镇、水台镇、河头镇为产业园核心区，按照“一心两翼三区四组团”的空间布局，以现代畜禽种业为核心，由新兴县人民政府组织建设，以温氏食品集团股份有限公司为牵头实施主体，联合华南农业大学、岭南现代农业科学与技术广东省实验室云浮分中心等多家单位共同建设。2023 年，以育种技术创新为源头，以新品种培育为核心，以优良品种扩繁为手段，以社会化服务为推手，按照实施主体联动、技术创新驱动、龙头企业带动、育种服务推动的思路，进一步打造技术创新能力强、成果转化率高、产业深度融合、服务水平高的功能性产业园。通过紧密的订单带动、股份合作、“保底收益 + 按股分红”“企业 + 养殖小区”新型联结等模式，带动 6.27 万户以上的农户实现增收，园内农民人均可支配收入比全县平均水平高 15%。

三、现代种业提升工程建设状况

2021—2023 年，现代种业提升工程投资建设生猪种业项目 37 个，总投资额为 10.01 亿元，其中中央财政预算内投资额为 7.03 亿元，带动的其他投资额达 2.98 亿元，覆盖了生猪遗传资源的保护和利用、育种创新、性能测定、制（繁）种能力等。

（一）生猪遗传资源保护利用方面

中央预算内投资 4.88 亿元，带动社会资本投入 5 182 万元，建设项目 18 个。启动国家畜禽遗传资源库 1 个。对民猪、姜曲海猪、金华猪、皖南黑猪、两头乌猪、枣庄黑盖猪、大围子猪、陆川猪、巴马香猪、涪陵黑猪、从江香猪、萝卜猪、乌金猪（大河猪）、滇南小耳猪和八眉猪 15 个地方猪种进行遗传资源保护利用和保种场改扩建。

（二）生猪育种创新方面

中央预算内投资额达 1.31 亿元，带动社会资本投入 1.99 亿元，建设项目 12 个，布局在天津、河北、山西等多个省（区、市）。支持河北裕丰京安养殖有限公司、赤峰家育种猪生态科技集团有限公司、黑龙江天兆猪业有限公司、安徽安泰农业集团等多个企业完善育种创新和标准化繁种。

（三）种猪性能测定方面

中央预算内投资 5 440 万元，带动社会资本投入 250 万元，建设项目 4 个。在北京启动国家种畜禽质量检验检测中心和国家种畜禽遗传评估中心建设，支持重庆和湖北开展生猪性能测定，完善优化遗传评估模型，推动育种联合攻关。

（四）生猪制（繁）种能力方面

中央预算内投资 3 000 万元，带动社会资本投入 4 592 万元，建设项目 3 个。在山东、广西和甘肃开展生猪制（繁）种能力提升和种公猪基地建设。

第六章　生猪种业质量监管

一、修订《种猪及精液进口技术要求》

为做好种猪及精液进口的技术审查工作，保证进口种猪及精液质量，根据《中华人民共和国畜牧法》和《中华人民共和国畜禽遗传资源进出境和对外合作研究利用审批办法》的有关规定，农业农村部于 2023 年 12 月发布了《种猪及精液进口技术要求》，自 2024 年 6 月起执行。新修订的《种猪及精液进口技术要求》规范并细化了引种品种要求，引进品种须在《国家畜禽遗传资源品种名录》范围内，并需要提供更加详细的系谱数据，同时对引进猪种质量进行限制，种公猪综合育种值排名应在引进种猪所在候选群的前 20%，种母猪在候选群的前 35%，精子则在前 15%。新修订的《种猪及精液进口技术要求》对加强猪遗传资源对外合作、研究和利用的管理，合理引进和科学利用国外优良种猪资源，防止低水平重复引进具有重要意义。

二、种猪质量标准规范的制定和修订

截至 2023 年年底，种猪相关标准包括国家标准 6 项、行业标准 14 项、地方标准 114 项。《畜禽遗传资源调查技术规范》《荣昌猪》《内江猪》等标准正在修订。2023 年共发布地方标准 12 项，包括湖南省发布《实验用小型猪　第 1 部分：遗传质量控制》（DB 43/T 958.1—2023）、《实验用小型猪　第 2 部分：微生物、寄生虫学等级与监测》（DB 43/T 958.2—2023）、《实验用小型猪　第 3 部分：配合饲料》（DB 43/T 958.3—2023）、《实验用小型猪　第 4 部分：病理学诊断规范》（DB 43/T 958.4—2023）、《实验用小型猪　第 5 部分：环境与设施》（DB 43/T 958.5—2023）；青海省发布《八眉猪标准体系》（DB 63/T 2196—2023）；重庆市发布《规模猪场种猪质量评估技术规范》（DB 50/T 1520—2023）等。

三、种猪疾病净化行动

2023 年，农业农村部公布第三批国家级动物疫病净化场名单，包括 41 个猪伪狂犬病净化场、3 个猪瘟净化场、2 个猪繁殖与呼吸综合征净化场，其中 12 个来自国家核心育种场的净化场。猪繁殖与呼吸综合征双阴种猪市场反应好，并有相应溢价，行业主动开展净化的动力足。据不完全统计，全国猪繁殖与呼吸综合征双阴种猪超过 100 万头，与 2022 年 41 万头相比，数量显著增加。福建省因山多、天然屏障好，拥有 50 家猪繁殖与呼吸综合征双阴种猪场，处于领先地位。

四、种猪质量监督检验

2023 年，种猪质量的监督检验力度加大，质检部门以“双随机、一公开”为原则，通过定期或不定期地对种猪进行抽样检测，对其生长性能、健康状况、遗传品质等方面进行全面评估。加强对出场种猪的合格证明、检疫合格证明和种猪系谱“三证”的查验。加强与科研机构和高校的合作，通过引进先进技术和方法，提高种猪质量监督检验的准确性和有效性。依据《种猪常温精液》（GB 23238—2021）检测和判定，2023 年共抽检 741 头种公猪超千份精液产品，合格率均在 88.3% 及以上，其中河北、江西、湖北等地的抽检合格率均为 100%。

第七章 生猪种业国际合作

一、种业集团发展动态

2023 年，法国爱科兴牧（AXIOM）集团完成对 Choice Genetics 法国公司、Choice Genetics 巴西公司和 Choice Genetics 波兰公司的收购。从整体来看，受重组并购的影响，全球生猪育种企业为了保持其在行业的领先优势，越来越重视技术投入。这些企业持续创新育种技术、改良育种方法、建立新的育种分析平台、筛选有价值的育种新性状。以下几个头部企业的新技术、新平台、新性状的发展较为典型。

（一）丹育 DanBred 集团育种拓展应用代谢组学技术

由于核磁共振获得的代谢组学可用来测量个体样本中的所有代谢产物，利用全代谢组学数据与遗传基因之间的关联可提高性状的遗传潜力。针对该项技术的攻关，2023 年丹育 DanBred 集团、丹麦生猪研究中心与奥胡斯大学开展合作，对饲料效率和肉质性状，将全代谢组学数据与表型组数据、系谱数据和基因组数据相结合，开展基因组选择工作。

（二）皮埃西种猪改良国际集团（PIC）创新应用数字表型技术

数字表型技术可利用自动化系统来识别动物的运动及行为模式，这些模式可区分遗传性状及行为与由外部因素导致的性状及行为。数字表型技术能够对传统表型测定工作进行改善，并可测定和描述之前无法测定的新性状，同时消除研究中人为产生的偏差。PIC 通过摄像头及图像识别技术的改进，将猪只的运动与行为的结果对应到 PIC 的评分系统，进而更加准确地做出育种决策，进一步提升育种效率。此外，PIC 联合苏格兰农业学院，围绕猪只社交能力展开研究，探讨动物的社交能力能否遗传给下一代，从而提升动物福利和生产能力。

（三）托佩克公司（Topigs）新建数据分析中心——Delta Norway

托佩克公司在挪威新建超大型数据分析中心——Delta Norway。该中心的数据采集和分析方案采用全新算法，配套的新设备和相关基础设施将极大提升 Topigs 的遗传改良效率。该中心除登记猪只采食情况和测定传统性状外，广泛使用传感器、摄像头、环控设备等人工智能技术，连续跟踪猪只并准确记录其生长环境和猪只行为细节，从中进一步挑选有价值的育种新性状，以实现种猪性能的持续提升。

二、育种技术动态

2023 年，育种技术数智化发展迅猛，我国育种底盘技术取得突破，表型测定技术成为育种技术发展新引擎，液相基因芯片市场份额持续增加，低深度测序与基因型填充技术在生猪基因组育种领域得到应用，高性能基因组育种大数据新工具——天权（HIBLUP）在行业得到推广和应用，实现了基因组高效选种及精准选配。

在聚焦表型测定技术方面，我国生物育种产教融合创新平台（生猪）完成仔猪表型组智能测定设备购置，推动了表型组概念走向产教融合。通过智能化表型组以及 CT 扫描等测定新技术的应用，生猪胴体性状的活体评估得以实现。2023 年，世界首个模式动物（猪）表型与遗传研究设施（“天蓬工程”）竣工验收，该平台拥有世界首个对猪进行全方位、全尺度研究的一流综合设施，具备猪模式动物标准化生产和表型与遗传信息精确化、自动化采集分析能力。建立了基于 B 超的种猪活体测定机，对难以测定性状进行自动精准测定，采用神经网络方法进行智能数据读取，提高了数据采集的准确性。智慧育种、智能表型测定等关键育种技术正在企业推广和应用。

在育种芯片技术方面，基于三代测序的液相基因芯片分型技术，实现了 SNP、基因组结构变异（SV）等多类遗传变异的高通量检测，并在大型企业推广和应用。自主研发的 10K 猪液相 SNP 芯片；建立了基于简化基因组测序（RRGS）分型的种猪全基因组选择技术，开发了全基因组选择专用芯片。自主研发的芯片检测技术平台和多款特色芯片产品为提升种猪改良速度提供了新利器。

在数据处理、基因组选择技术方面，高性能基因组育种大数据新工具——天权（HIBLUP）在育种值估计的准确性和计算效率方面优于国际同类工具，可高效处理百万级群体、千万级标记育种大数据，“天权”科研版被全球 80 多个国家 / 地区注册使用。我国生猪龙头企业加强育种工具的自主研发，开发了秀杰和普（HUGE-HOPE）猪群应用与遗传评估系统，该系统包含网页端和移动端，涵盖了种猪数据管理、育种流程管理和遗传评估等功能。

三、国际合作动态

1996 年至今，PIC 中国公司、托佩克种猪（中国）有限公司、海波尔等 12 家国际知名种猪企业以合资或独资的形式参与我国生猪种业发展。在科研项目国际合作方面，2023 年，国家重点研发计划政府间国际科技创新合作重点专项项目——中国和美国政府间合作项目“猪基因组调控元件与功能突变大规模鉴定及遗传效应评估”顺利开展。该合作项目促进了中美政府间的深度合作和科技交流，提高了两国在猪遗传育种科研领域的国际科技影响力和地位。中德畜牧业可持续发展合作项目的第三期按计划启动实施，中德企业就建立皮特兰猪种群召开双边沟通会议，就母猪分娩管理举行了线上培训会。在国际化论坛举办方面，2023 年年底，中德畜牧业高峰论坛在北京举办。该论坛聚焦猪业绿色循环发展，促进了中德畜牧业在现代化生产管理和创新技术方面的合作与发展。

四、我国生猪种业进出口贸易态势

我国种猪进口数量保持稳定，对外引种需求逐步下降。2023 年进口种猪 6 135 头，与 2022 年相比，数量有所增加。近 10 年，我国每年进口种猪数量平均为 1.1 万头，约占我国种猪核心群的 5%。引种来源地主要集中在美国、丹麦与法国。随着我国生猪育种体系的不断完善，引种需求将进一步降低。

第八章　生猪种业发展展望

一、发展建议

（一）加快推进生猪全产业链育种体系建设

猪育种的最终目的是提升商品猪性能和经济价值，《全国生猪遗传改良计划（2021—2035年）》明确提出构建全产业链育种数据体系。目前，全球种猪强国和顶级育种企业均已将全产业链育种作为技术研发和应用的重点。生猪产业全产业链发展趋势将推动生猪种业企业做大做强，奠定了种业高质量发展的基础。

（二）提升核心育种群质量与健康水平

目前，生猪核心群数量近20万头，基本可满足我国生猪生产需要。通过持续实施《全国生猪遗传改良计划（2021—2035年）》，我国生猪的种群性能被逐步提升，但与丹麦、法国等国家相比，我国生猪在生长性能、繁殖性能等方面与这些国家的差距明显。同时，根据《全国畜禽遗传改良计划实施管理办法》，至2025年，国家生猪核心育种场要完成5种垂直性传播疾病的净化。目前，仍有2/3的核心育种场未实现这五种疾病的净化。持续提升育种群质量和健康水平将是提升我国生猪种业核心竞争力的关键。

（三）加速核心育种群间遗传交流

1. 种公猪站布局

我国现有国家核心种公猪站9家，分布在广西、山东、上海、福建、江西等地，各集团化公司基于自身产业布局，建设了一批区域性种公猪站。如温氏食品集团股份有限公司在全国建设了6家高标准区域性种公猪站，广东认定1家省级种公猪站，四川认定了8家省级种公猪站。山东、河南、广东、辽宁、湖南等地在省级遗传改良计划中均强化了优化种公猪站布局。

2. 生猪核心育种场

以国家生猪核心育种场为主体，按照亲缘关系将杜洛克猪、长白猪与大白猪 3 个瘦肉型猪品种划分为 7 个关联组，其中大白猪和长白猪各 2 个关联组，杜洛克猪关联组从 2022 年的 1 个增加到 3 个，一共 63 个场，比 2022 年增加了 9 个场。在开展单场遗传评估的同时，对各个关联组进行了跨场联合遗传评估。

（四）加快推进基因组选择技术的应用

国际动物育种逐步进入基因组选择时代。与传统育种方法相比，基因组选择体系的建立大大加快了种猪遗传改良进程，为猪遗传资源保护和利用的科技创新提供了一个潜在突破口。创新种猪性能测定和基因组育种技术、建立相关标准及算法和平台对提高我国生猪制（繁）种能力，确保国家种业安全和生猪产业健康稳定发展具有重要战略意义。

1. 在参考群构建方面

全国种猪遗传评估中心基因型数据质控后，共有 41 家核心育种场的 75 102 条基因组数据达到了基因组选择需求。

2. 在芯片研发方面

迭代升级了猪 80K 功能位点基因芯片，基于地方猪测序研发了基因型检测芯片等。随着关键基因的遗传解析，持续丰富芯片位点，提升芯片质量。

3. 在基因选择性评估方法方面

研发了基于随机森林机器学习方法的猪品种精准鉴定算法和整合了猪全产业链大数据的基因组选择新模型；基于杂交群体的预测模型进行了系统对比和系统优化，通过 KAML 算法分配位点权重，提高基因组育种值估计的准确性。

二、种业展望

（一）专业化种猪育种公司加速形成

《全国生猪遗传改良计划（2021—2035 年）》明确提出，到 2035 年，培育具有国际竞争力的种猪企业 3~5 家。基于这个目标，国家在政策、项目等方面均鼓励成立以种业为核心的集团化公司。继 2021 年广东中芯种业科技有限公司、2022 年福建傲芯种业科技集团有限公司的成立后，新希望六和股份有限公司于 2023 年 12 月发布公告，生猪育种板块拟引入战略投资。广东中芯种业科技有限公司 2023 年销售种猪 37 万头，目前下辖 8 家专业化猪育种分公司，年供种能力达到 45 万头。史记生物技术（南京）有限公司的生物种猪年销售量达到 28 万头，外销占比超过 6 万头。

（二）数字化种猪育种技术广泛应用

种猪育种属于长周期工作，生猪种业与数字化的融合可显著提升生猪育种效率，保障种业健康发展。通过集成种猪智能化数据采集、种猪遗传评估、精准交叉选配和基因调控等数字化种猪育种技术，实现种猪育种全过程数字化管理。集数据建立、模型选择、育种值与指数计算、结果反馈为一体的智能化数据分析技术系统解决了种猪场关键育种数据管理、主要经济性状的育种值计算等实际问题。通过创新实践数字化种猪育种技术服务模式，实现标准、技术、方法、评价四统一，解决了种猪场现场育种技术体系落地实践难、技术实施难等问题，推动了国家生猪遗传改良计划的落地实施。

（三）基因编辑技术提供育种新素材

基因编辑技术在过去 20 年迅速发展，并应用于基础研究、生物技术、生物医学等各个领域。基因编辑工具的开发彻底改变了畜牧领域的育种进程，使家畜基因组的修饰更加简单和高效，从而提升了牲畜的生产特性，改善了肉质、繁殖性能和动物健康（抗病性），提高了动物福利。对生猪种业来说，基因编辑技术一方面可直接干预猪的基因组，实现目标基因的精确改良，如通过编辑猪的关键基因来提高抗病力、繁殖性能等；另一方面可通过基因编辑技术消除一些不良基因，降低发生疾病的风险，如培育抗猪繁殖与呼吸综合征病毒的种猪。

（四）智能表型组学数据测定推动生猪精确育种体系建立

表型组学数据测定贯穿于生猪种业的性能测定、品种选育、示范推广等各个环节，传统的表型采集和鉴定方法费时费力。现代生猪表型组学技术及装备旨在通过信息感知、自动控制、智能解析等技术提升生猪表型测定效率、质量和标准化程度等。传感器、智能监测设备等应用为实时监测猪只的饮食、运动、体温、环境等提供可能性。信息化与智能装备的深度融合通过集成自动化平台装备和信息化技术的应用，将极大地促进生猪功能基因组学、数字育种、智能养殖的应用，利用大数据分析和人工智能算法可更好地优化养殖过程，有效推动生猪精确育种体系的建立。

奶牛篇

第一章　发展概况

2023 年，奶牛遗传资源开发和利用成效显著，群体遗传进展不断加快，种业集中度不断提高，供种能力不断加强，质量监管力度不断加大，奶牛种业稳步发展。

资源保护利用方面。全面完成了第三次普查，共认定 139 个品种，涵盖普通牛、水牛、牦牛、瘤牛、大额牛 5 个牛种，新增 4 个乳用和乳肉兼用品种。全国奶牛存栏量 1 233 万头，其中主导品种——中国荷斯坦牛占比达 85% 以上，成年母牛单产达 9.5 吨，接近奶业发达国家水平。

创新攻关方面。全国奶牛遗传改良计划和育种联合攻关稳步推进，品种登记规模首次突破 200 万头，奶牛牛群改良（dairy herd improvement，DHI）连续参测场占比达 80.1%，体型鉴定牛只累计 64 万头；基因组选择参考群规模达到 1.9 万头，累计评估青年公牛 4 840 头，评估准确率达到 70%~82%，群体遗传进展显著。育种芯片自主研发、重要性状基因挖掘及基因组选择技术体系优化均取得显著进展。依托种公牛站和国家核心育种场，形成政府主导、社会参与的“1+2+3+*N*”育种联合机制。

企业扶优方面。初步形成“7+24”的奶牛种业阵型企业，多级联动，建立较为完善的自主选育技术体系。7 家阵型企业积极开展育种芯片、基因组选择育种、高效胚胎生产等种牛自主培育技术研发，组建高产育种核心群，培育优秀种公牛，种源供给能力显著提升。

基地提升方面。国家奶牛核心育种场 26 家，总存栏量 14.4 万头，其中核心群存栏荷斯坦奶牛 10 310 头、褐牛 260 头。种公牛站 46 家，存栏荷斯坦种公牛 431 头，冷冻精液生产 1 000 万剂，但市场占有率不足 30%，行业集中度进一步提高，北京、山东和天津的种公牛存栏量占全国种公牛存栏量的 50%，冻精生产量占全国冻精生产量的 69%。种用胚胎自主生产能力显著提升。

市场净化方面。修订发布《种牛及冷冻精液和胚胎进口技术要求》及《中国荷斯坦牛》（GB/T 3157—2023）、《牛体内胚胎生产与移植技术规程》（GB/T 26938—2023），开展种牛质量监督检查，全年共抽检 199 头奶用种公牛冷冻精液，质量合格率为 98%。进口奶牛活体同比下降 68.4%，进口冷冻精液、种用胚胎同比分别增长 104% 和 474%。

第二章　奶牛遗传资源保护和利用

一、摸清了奶牛遗传资源家底

第三次普查对全国牛遗传资源进行了系统的数量普查和生产性能测定，其涵盖了普通牛、水牛、牦牛、瘤牛、大额牛5个牛种，共139个品种，其中奶用品种14个（普通牛品种10个、水牛品种4个）（表2–1）。与第二次调查相比，乳用和乳肉兼用品种增加了4个，包括地方品种槟榔江水牛、培育品种蜀宣花牛、引入品种地中海水牛和挪威红牛。主导品种荷斯坦牛、中国荷斯坦牛、中国西门塔尔牛和新疆褐牛的群体数量均超100万头。西门塔尔牛、娟姗牛、蜀宣花牛和内蒙古三河牛群体数量均超5万头，而4个乳用水牛品种群体数量小，仅有600~3 600头；珍稀奶牛遗传资源得到有效保护。槟榔江水牛是中国唯一的河流型水牛地方品种，被列入国家级畜禽遗传资源保护品种，已建立1个国家级畜禽遗传资源保种场。据本次普查，槟榔江水牛群体数量约3 500头。

二、奶牛遗传资源开发和利用成效显著

中国荷斯坦牛是我国自主培育的乳用牛品种，2021年群体规模346万头，数量多、分布广，以产奶量高、适应性广而著称，在我国奶业生产中占主导地位。乳肉兼用牛既适合放牧饲养，又适宜舍饲养殖，乳肉综合品质好。中国西门塔尔牛是我国群体数量最多的乳肉兼用牛，2021年群体规模达921万头；新疆褐牛、内蒙古三河牛和蜀宣花牛则是区域性分布的兼用牛品种，支撑当地特色奶业发展。水牛奶干物质含量高、风味独特。自20世纪50年代，我国先后从国外引入摩拉水牛、尼里–拉菲水牛、地中海水牛，并与我国地方水牛进行杂交，后代产奶性能不断提升，促进了广西、云南、广东等地的奶水牛产业的快速发展。

表 2-1　我国乳用和乳肉兼用牛遗传资源

万头

牛种	品种名称	资源类型	经济类型	群体数量
普通牛	中国荷斯坦牛	培育品种	乳用	346.15
	荷斯坦牛	引入品种	乳用	134.92
	娟姗牛	引入品种	乳用	5.16
	挪威红牛	引入品种	乳肉兼用	0.03
	瑞士褐牛	引入品种	乳肉兼用	0.0 014
	中国西门塔尔牛	培育品种	乳肉兼用	920.57
	西门塔尔牛	引入品种	乳肉兼用	14.98
	内蒙古三河牛	培育品种	乳肉兼用	7.05
	新疆褐牛	培育品种	乳肉兼用	121.29
	蜀宣花牛	培育品种	乳肉兼用	7.36
水牛	槟榔江水牛	地方品种	乳肉兼用	0.36
	摩拉水牛	引入品种	乳肉兼用	0.20
	尼里－拉菲水牛	引入品种	乳肉兼用	0.06
	地中海水牛	引入品种	乳肉兼用	0.08

注：该表数据来源于第三次普查。

第三章　奶牛种业创新攻关

一、育种基础不断夯实

（一）育种规模和质量双提升

2023 年全国奶牛品种登记规模为 210.20 万头，首次突破 200 万头（图 2-1）；奶牛牛群改良（DHI）实现全覆盖，2022 年参测奶牛 194.50 万头，累计完成 630 余万头奶牛性能测定，2021—2023 年，年间增加 64.60 万头（图 2-2）；连续参测牛场率达到 80.10%，比 2018—2020 年的 68.10% 提高了 12 个百分点；体型鉴定牛只累计数量从 2020 年的 46 万头增加到 2023 年的 64 万头，2021 年增加了 7.43 万头（图 2-3），创历史新高；基因组参考群体规模达 1.90 万头，基因组遗传评估公牛累计 4 840 头（图 2-4）。育种基础数据初具规模，国家奶牛数据中心收集的奶牛育种表型数据量达 9 000 余万条，可用于遗传评估的性能测定奶牛数量达到 233.80 万头，性能测定记录达 2 662.60 万条。基于历史积累的登记、DHI 参测数据，首次获取了 129.80 万头母牛的首次产犊日龄、133.70 万头母牛的胎间距性状记录（图 2-5），创建繁殖性状的遗传评估模型，扩大了种牛评价范围。

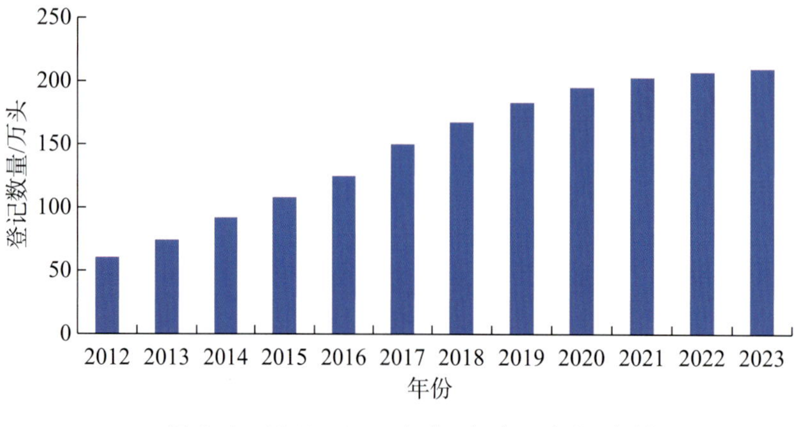

图 2-1　2012—2023 年全国奶牛品种登记规模

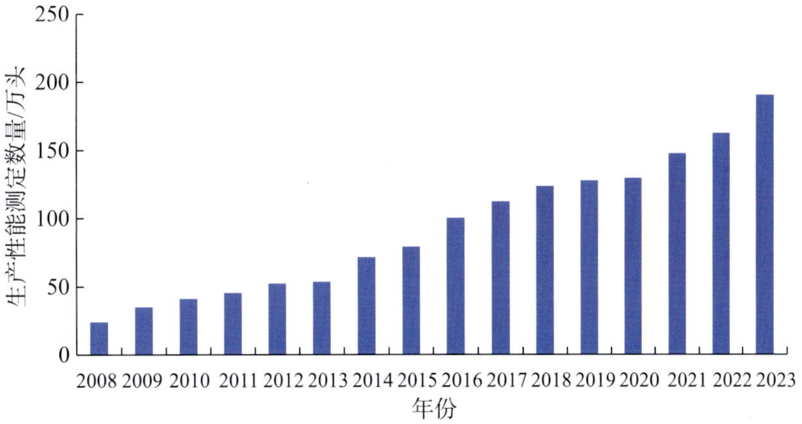

图 2-2　2008—2022 年全国奶牛生产性能测定

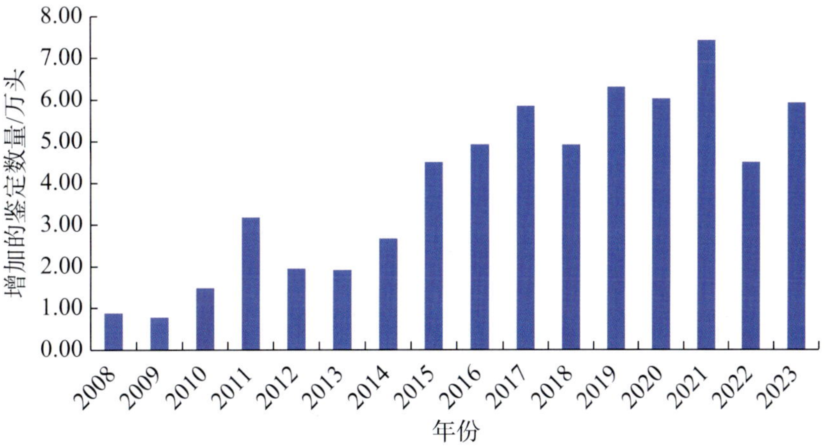

图 2-3　2008—2023 年全国奶牛体型鉴定

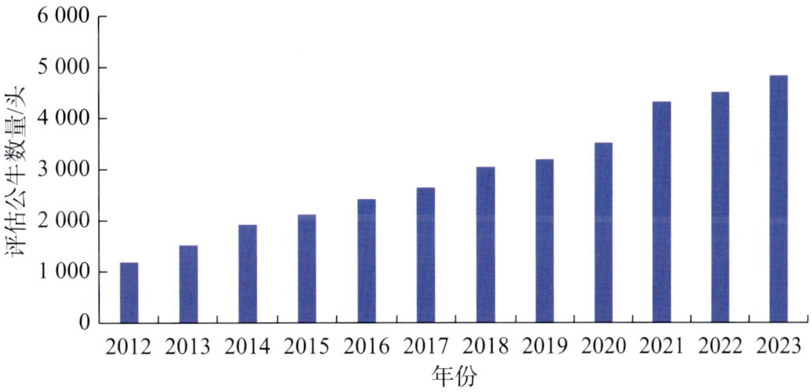

图 2-4　2012—2023 年全国奶牛基因组遗传评估公牛累计情况

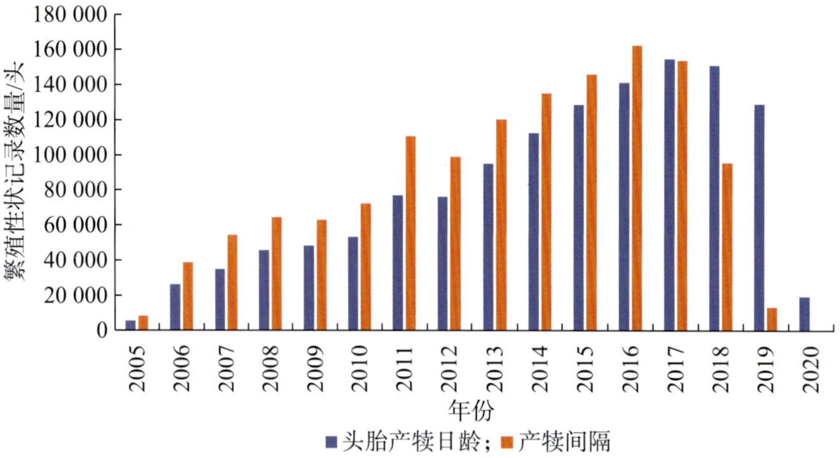

图 2-5　全国奶牛繁殖性状记录数随出生年变化情况

（二）遗传进展明显

自2021年起，全国奶牛DHI参测牛305天平均产奶量突破10吨。2023年产奶量达10.6吨（图2-6），测定日平均乳脂率和乳蛋白率分别达到4.02%和3.41%，平均体细胞数为20.7万个/毫升，质量比肩世界奶业发达国家（图2-7）。2021—2023年参测母牛1~3胎总产奶量首次突破30吨，2023年达32吨，比2020年提高2 085千克，达到奶业发达国家总生产奶量的先进水平。部分DHI参测群体统计显示，头胎产犊日龄从2008年出生母牛的800日龄下降到2018年出生个体的734日龄、胎间距从415天下降到395天，繁殖效率不断提升，达到奶业发达国家水平（图2-8）。

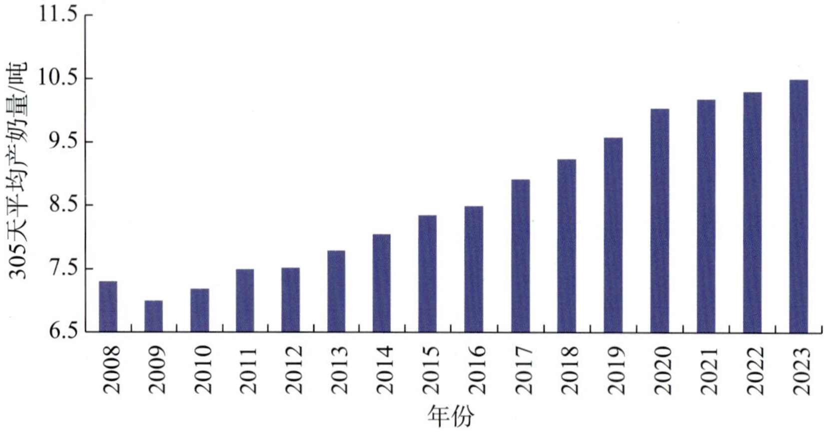

图 2-6　全国 DHI 测定奶牛 305 天平均产奶量

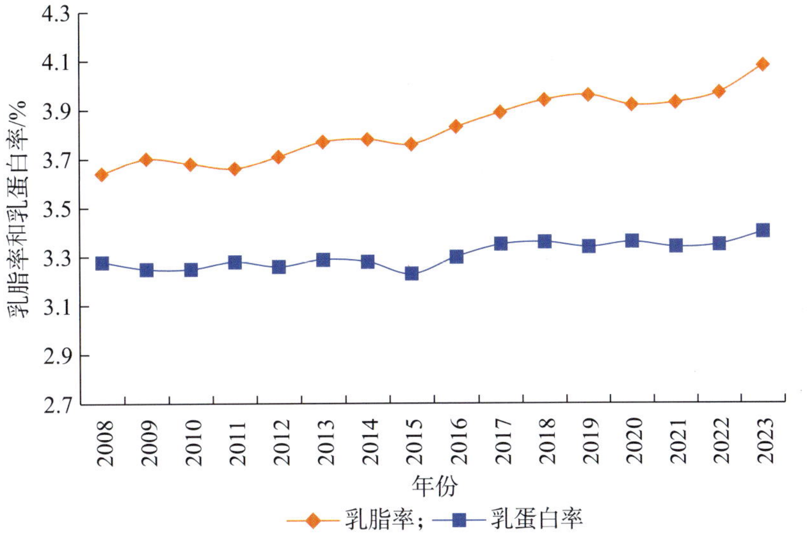

图 2-7　全国 DHI 参测奶牛测定日平均乳脂率和乳蛋白率

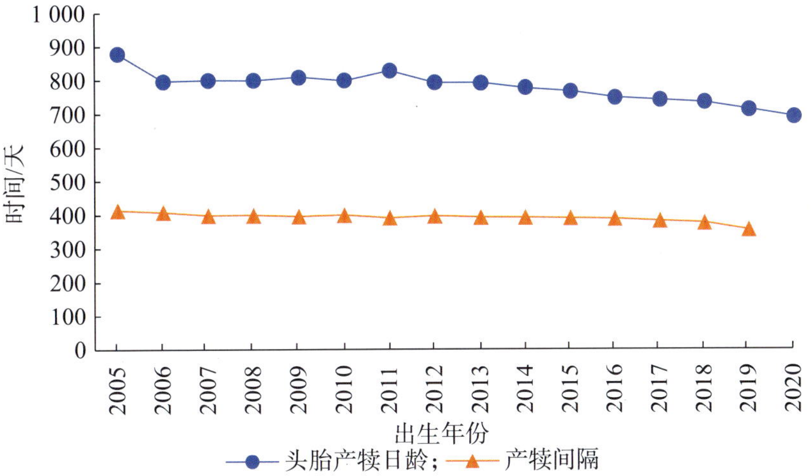

图 2-8　全国奶牛头胎产犊日龄及产犊间隔随出生年变化情况

基于中国荷斯坦牛基因组选择参考群体，累计对 4 800 余头荷斯坦公牛进行了基因组遗传评估，其中出生于 2015—2023 年的青年公牛 2 341 头。青年公牛的基因组选择性能指数（GCPI）、产奶量、乳脂率、乳蛋白率、乳脂含量、乳蛋白含量和脂蛋白含量等关键性状遗传进展显著（图 2-9）。2015—2023 年，中国荷斯坦青年公牛群体 GCPI 年均进展 63.96，产奶量年均进展 109.75 千克，脂蛋白含量年均进展 10.52 千克，乳脂含量年均进展 6.35 千克，乳蛋白含量年均进展 4.16 千克，其中 2021—2023 年遗传进展速度增快，GCPI 年均进展 76.87，产奶量年均进展 190.88 千克，脂蛋白含量年均进展 11.29 千克，乳脂含量年均进展 5.81 千克，乳蛋白含量年均进展 5.48 千克；生产性能遗传进展正在追赶奶业发达国家的脚步。

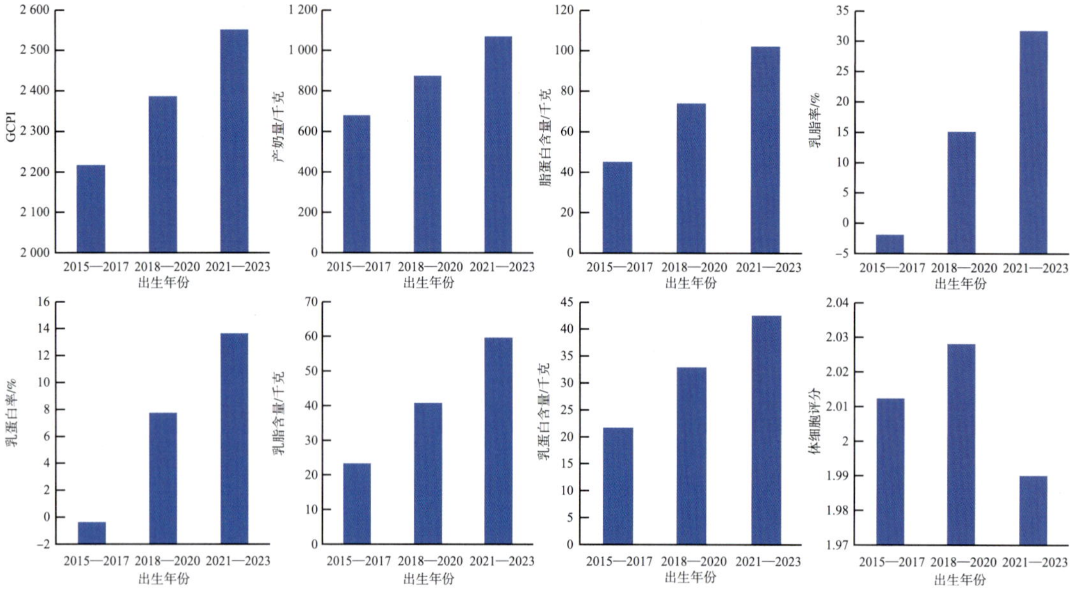

图 2-9　2015—2023 年出生荷斯坦青年公牛基因组育种值变化趋势

（三）参考群规模不断扩大

乳用原种公牛遗传评估准确性的高低与后裔女儿的数量及分布密切相关，新修订的遗传评估方案规定，种公牛女儿至少分布于 3 个省的 15 个牧场，评估结果更精准。2023 年公牛性能育种值可靠性平均为 96%（79%~99%），比 2020 年提高了 5 个百分点，达到国际上验证公牛利用后裔成绩评估育种值的最高可靠性。

我国奶牛基因组选择参考群持续扩大，2023 年参考群规模达到 19 410 头，比 2019 年增加 1 倍，带动青年公牛基因组遗传评估准确性大幅提高，产奶量、乳脂含量、乳蛋白含量、乳脂率、乳蛋白率、牛奶体细胞评分、体型总分、泌乳系统评分和肢蹄评分 9 个核心性状准确率达到 70%~82%，比 2019 年提高 7~15 个百分点。新增参考群体覆盖区域扩展至北京、天津、宁夏、吉林、河北、黑龙江、河南、山东、上海和江苏等奶业主产区，丰富了国家参考群体的地区代表性。

二、育种联合攻关

（一）国家育种联合攻关进展

山东奥克斯与现代牧业（集团）有限公司、山东视界牧业有限公司、海原县新希望牧业有限公司等 6 家规模化大型奶牛场签订育种战略合作协议，开展核心群选育、种公牛自主培育、优秀种质高效扩繁等工作。通过奶牛育种联合攻关，2023 年共培育后备公牛 167 头，其中公牛号为 37322143 的后备公牛在美国荷斯坦协会于 2023 年 3 月公布的同月出生后备公牛中处于第 13 位，遗传育种值指数（GTPI）

突破 3 100（3 118）。在 2023 年中国乳用种公牛遗传评估青年公牛 GCPI 排名前 100 中有 40 头；在 GCPI 前 10 名中有 5 头，包括排名第一的青年公牛。北京首农畜牧发展有限公司奶牛中心（延庆种公牛站）联合全国畜牧总站、中国农业大学制定农业行业标准《荷斯坦牛基因组选择参考群体数据筛选标准》，基因组选择参考群体新增 12 140 头，覆盖北京、河北、山东等地。

（二）国家及各省产业技术体系建设进展

依托国家奶牛产业技术体系，2023 年研究建立了单班次采样测定预测全天乳脂率和乳蛋白率的模型，准确性达 0.82 和 0.93。全国遗传评估平台性能和运行效率持续提高，数据准备和评估后期分析工作模块化处理，基因组遗传评估平均时间缩短 1/4。

各省体系在 DHI 测定、核心组群组建及种公牛培育等方面开展研发工作，助推奶牛遗传创新工作。山东省体系建立种子母牛群，培育种子母牛 1 400 余头，平均 GTPI 为 2 613，比 2020 年提高 105，自主培育后备公牛 16 头。河北省体系从生产性能、体型外貌和基因组成绩三个方面共筛选 4 734 头母牛加入参考群，选育出单产 15 吨以上的高产核心群 3 994 头，遴选优秀后备公牛 64 头，平均 GTPI 为 3 019，创省历史最高水平，与 2023 年 12 月美国荷斯坦协会 TOP 200 综合选择指数（TPI）相比，3 头后备公牛上榜。

（三）奶牛育种芯片自主研发取得突破

为补齐国产奶牛育种芯片短板，中国农业大学联合北京奶牛中心与华智生物技术有限公司合作，自主研发了针对我国奶牛群体遗传背景的 126K 基因组育种芯片，包含自主挖掘、国际通用亲子鉴定、遗传缺陷以及相关重要已知功能位点，可用于我国奶牛基因组选择参考群体的构建及种牛评价。2023 年 9 月，126K 基因组育种芯片在中国种业大会上正式发布，标志着我国在奶牛中高密度 SNP 育种芯片自主设计开发方面取得重要突破，是我国荷斯坦牛育种领域唯一可应用于基因组选择参考群体构建及种牛评价的中高密度育种芯片，目前已推广和应用 1 500 头份，保障了我国奶牛自主选育体系的稳定运行。此外，河北省畜牧总站、天津市农业科学院畜牧研究所、扬州大学研发了针对特定区域奶牛群体及乳腺炎性状的中低密度育种芯片。

（四）奶牛新性状开发与遗传评估方法取得进展

北京奶牛中心组织联盟建立了奶牛繁殖、产犊、长寿、健康等性状的指标定义标准、记录体系、质控方案与基础数据库，新增选育性状含首次产犊日龄、产犊后首次配种时间、青年牛首末次配种间隔、成母牛首末次配种间隔、女儿产犊难易、产犊难易、女儿死产、死产、成母牛生产寿命等 9 个选育性状；研究了繁殖、产犊、长寿 3 类新增选育性状的遗传评估模型及算法，6 个繁殖性状的基因组预测准确性达 0.49~0.88。河北省畜牧良种工作总站与华中农业大学合作研究创建了特异品质牛奶乳成分检测数据库，针对牛奶中的不饱和脂肪酸、饱和脂肪酸和多不饱和脂肪酸等指标建立了检测技术及预测模型，筛选出 7 个显著相关的 SNP 位点，组建 3 个河北省生产富含不同种类的优质脂肪酸牛奶的良种奶牛群。

三、繁育技术研发进展

（一）自主研发奶牛育种芯片

近年来，国际已进入奶牛基因组选择育种时代，种公牛培育周期由约 6 年缩短至约 2 年，育种效率显著提升。我国加速构建和优化奶牛基因组选择育种技术平台，2020 年中国农业大学、北京奶牛中心、华智生物技术有限公司启动荷斯坦牛育种芯片自主开发联合攻关项目，自主设计了我国首款中高密度 126K 基因组育种芯片，涵盖超 12 万个位点，分型检出率为 98.70%~99.17%，已达到产业化推广和应用水平，可用于荷斯坦牛基因组选择参考群体的构建及种牛评价。

（二）重要性状功能基因挖掘与遗传解析的进展

2023 年我国挖掘出一批奶牛泌乳、生长、健康相关的重要基因和分子标记。中国农业大学对比反刍动物和非反刍动物的肝脏的组蛋白修饰图谱和转录组信息，鉴定出全新的反刍动物表观基因组调控元件，成果发表于国际知名期刊《分子生物学与进化》；奶牛血液转录组和代谢组分析鉴定出 9 个泌乳相关基因、3 个代谢物；肝脏转录组、甲基化组及染色质开放性整合组学分析鉴定出 4 个调控乳蛋白和乳脂的关键功能；全基因组关联分析鉴定出 2 个影响后备牛生长发育的关键候选基因。山东农业大学首次利用纵向表型全基因组关联分析，鉴定出产奶性状 581 个候选基因；宁夏大学通过全基因组关联分析鉴定出 4 个奶牛长寿性状相关候选基因。

（三）遗传评估与育种新技术研发的成果

针对我国奶牛遗传评估性状少的短板，中国农业大学围绕 10 个繁殖性状和 4 个产犊性状进行系统研究，筛选出适合我国国情的繁殖性状遗传评估模型；上海交通大学分析了南方地区奶牛 9 个繁殖性状的遗传参数。山东农业科学院畜牧兽医研究所构建了整合系谱、基因组以及代谢组信息的遗传评估新模型，研发了利用牛奶中的红外光谱预测血酮含量的预测模型。新疆农业大学设计了跨品种联合遗传评估方法。扬州大学从血液免疫细胞中鉴定出高免疫应答奶牛的重要生物标志。中国农业大学证明奶牛鼓膜温度具有较低遗传力，构建了奶牛育种与温室气体排放的生物经济模型，为抗热育种及减排育种提供了理论基础。

（四）同期发情应用普及率创历史新高

通过对 260 多个规模化牧场数据连续监控，2023 年成年母牛使用同期发情 – 定时输精的规模化牧场的占比为 70.80%，创历史新高，比 2020 年的 48.3% 提高了 22.5 个百分点，呈现牧场规模越大、技术应用普及率越高的现象（图 2–10），例如，2023 年规模大于 2 500 头的牧场占比达 82.1%。规模化牧场成年母牛首配使用同期发情 – 定时输精的比例由 2020 年的 29.23% 快速提高到 2023 年的 61.90%（图 2–11），但定时输精首配受胎率与自然发情配种受胎率的差异逐年缩小（由 2020 年 3.8% 缩减到目前仅 0.9%）。青年牛采用同期发情 – 定时输精的牧场数、配种头次也明显增加，受胎率基本维持稳定，比自然发情配种受胎率降低 10%~15%。

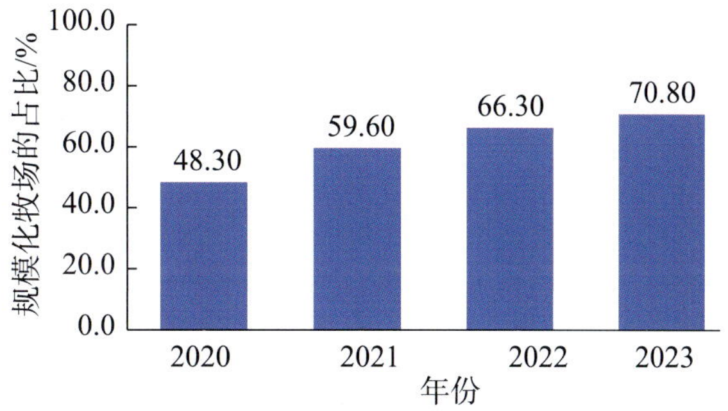

图 2–10　成年母牛使用同期发情 – 定时输精的规模化牧场的占比

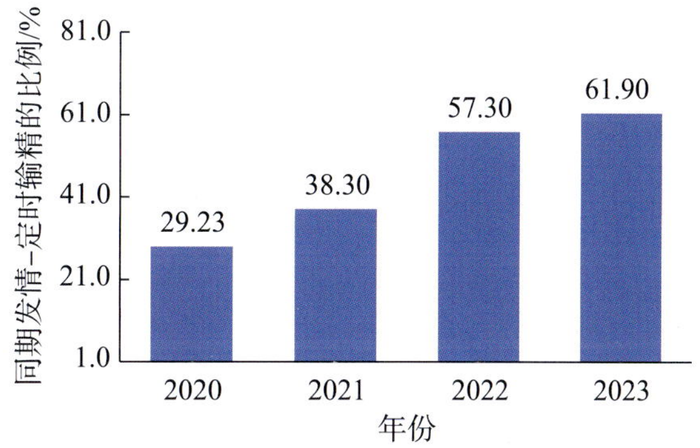

图 2–11　规模化牧场成年母牛首配使用同期发情 – 定时输精的比例

（五）胚胎育种体系初步建立

2023 年，中国农业科学院北京畜牧兽医研究所揭示了奶牛产后体脂过度消耗对卵泡类固醇激素合成和发育的影响。中国农业大学、广西大学、华中农业大学和延边大学分别报道了谷胱甘肽、硫酸锌、左旋肉碱、柠檬素等对体外卵母细胞成熟、胚胎发育的影响，为自主研发体外胚胎培养液提供了方向；国产促卵泡素研发方面也取得良好进展，牧场实际使用头均可用胚胎数量接近进口激素水平。西北农林科技大学绘制了妊娠 90 天和 130 天的母牛胎盘中接近单细胞分辨率的空间基因表达模式图。我国科研人员在甘南高寒地区应用试验了胚胎移植技术。从胚胎产业全盘发展现状来看，大多数奶牛种业阵型企业已经启动国产自主种用胚胎的生产和移植工作。据各省上报的数据，2023 年我国奶牛胚胎生产总量为 39 717 枚。此外，我国在奶水牛胚胎产业化研发方面取得了显著进展，2023 年生产囊胚率超过 35%，胚胎移植产犊超过 100 头；依托广西水牛研究所和奶水牛育种企业皇氏赛尔生物科技（广西）有限公司前期在巴基斯坦建立的奶水牛体外胚胎生产中心；2024 年首次从巴基斯坦进口了 5 000 枚优质奶水牛胚胎，改变了近十几年来无奶水牛种源引进的现状。

四、育种联合机制逐步形成

（一）“1+2+3+*N*”育种联合机制

1. 一个领导小组

一个领导小组是指全国畜禽遗传改良计划领导小组，全面负责畜禽改良计划的管理工作，顶层设计全国奶牛遗传改良计划。领导小组下设的办公室负责遗传改良计划的具体组织和实施，奶牛遗传改良计划专家委员会负责修订相关标准和技术规范、评估遗传改良进展、开展育种技术指导等工作，为全国奶牛遗传改良计划的有效实施提供了技术支撑。

2. 两个专业中心

两个专业中心是指中国奶牛数据中心和国家奶牛遗传评估中心。中国奶牛数据中心作为全国唯一的国家级奶牛专业数据处理中心，负责开展奶牛品种登记，收集、整理和分析奶牛育种数据，为奶牛遗传评估提供基础数据。国家奶牛遗传评估中心承担全国奶牛的遗传评估和种业信息大数据的处理和分析，定期开展奶牛的遗传评估，为政府决策提供技术支撑，为企业提供技术指导，为社会提供公共信息服务。

3. 三类育种组织

三类育种组织是指专业委员会、后裔测定联盟和育种创新组织。专业委员会指中国奶业协会育种专业委员会，作为成立最早的专业委员会，不断发挥组织协调功能，以市场为主导，整合科研机构优势资源，鼓励龙头企业引领和担当，推动全国奶牛的品种登记、后裔测定、DHI 测定、体型鉴定和遗传评估等育种基础工作和体系建设。后裔测定联盟目前包括中国北方荷斯坦牛育种联盟和中国荷斯坦牛后裔测定香山联盟。两个联盟作为早期成立的后裔测定联盟，由主要种公牛站自发成立，以开展青年公牛联合后裔测定为目标，有效推进了后裔测定工作的实施。育种创新组织是指地方自发成立的区域育种组织，主要为推动区域或组织内部的成员间育种联合而成立，由种公牛站、奶牛场、科研院所和服务机构组成，组织形式灵活，资源丰富；其典型代表有奶牛自主育种创新联盟、中原荷斯坦奶牛育种联盟、河北省荷斯坦奶牛育种联盟和奥克斯 – 澳亚奶牛育种合作联盟。

4. 省级育种联合创新机制、模式、方法，取得新成果

一是河南省探索构建 1 个企业 +1 位首席科学家 +*N* 个科研单位和企业的联合攻关新机制、新模式，实现优势互补，以加快科技成果转化和产业化应用。二是 2022 年 1 月科技部正式批复在呼和浩特建立

全国唯一的国家级乳业技术创新中心；与 26 家企业、27 家高校院所签订合作协议，在奶牛育种、科学饲养、万头规模牧场应用示范等多个方面取得了瞩目成果。胚胎植入前全基因检测技术将高产奶牛的育种效率提升 25% 以上。三是宁夏组建优质高产奶牛核心群 5 000 头、平均单产 15.2 吨；采用体细胞克隆技术，在我国首次成功繁育百吨优质明星奶牛 5 头。四是新疆持续实施新疆褐牛、荷斯坦奶牛种业提升计划，拥有 14 个新疆褐牛育种场，乳用品系核心群 650 余头，平均年单产由 5 100 千克提升至 6 300 千克；培育种公牛 1 500 头，比 2019 年增加了 400 头；确定了新疆地区中国荷斯坦牛总性能指数，建立了高产核心群。

（二）奶牛自主选育步伐加快

1. 完善后备公牛自主培育体系，推动种业创新

全国畜牧总站、中国奶业协会在我国南北两大后裔测定联盟的基础上推动产业链企业开展深度育种联合，在北京、宁夏等多个奶牛主产省（区、市）构建“核心母牛场 + 公牛站”的奶牛良种自主繁育体系，组建先进生产水平的高产奶牛良种群体，充分利用所组建的核心种子母牛群，适度引进国际优秀种质资源，以定向选配为主导，真正自主培育出大量优秀潜质的后备公牛，完善后备公牛自主培育创新体系，延长创新链，推动科技创新和产业创新深度融合。2023 年 9 月，山东奥克斯畜牧种业有限公司奶牛种质高效扩繁与自主培育示范基地投产，成立山东奥克斯乳业公司，注册“奥芯”乳品品牌，构建了奶牛种质培育—奶牛养殖—原奶生产—乳制品生产与推广全产业链模式。

2. 因地制宜做好分类引导，补齐自主培育良种体系的短板

中国奶业协会育种专业委员会于 2023 年完成了中国奶牛体型鉴定员培训和年度考核，69 名体型鉴定员全部通过年度考核，29 名备案体型鉴定员通过严格的理论考试和现场考核，晋升为中国奶牛体型鉴定员。中国奶牛数据中心配合《中国荷斯坦牛》（GB/T 3157—2023）的修订，完成了《中国奶牛品种登记规程》（T/DACS 012—2024）的起草。2023 年发放奶牛品种登记证书 28 份，登记 7.1 万头奶牛，组织了 3 次 DHI 数据总结交流活动，有效提升了数据采集效率和质量。国家奶牛遗传评估中心定期开展奶牛的遗传评估，通过发布《2023 年中国乳用种公牛遗传评估概要》，发挥指挥棒功能，推动种业创新联盟不断整合资源，引导种业阵型企业联合行业顶级智库、科研院校加快构建“产学研”商业化融合的纵向育种联合群体。

3. 营造良好的创新氛围和环境

各联盟单位联合发布标准规范，做好行业自律。2023 年，两个后裔测定联盟共完成 55 头青年公牛后裔测定冻精交换工作，共交换合格冻精 139 827 剂。北方联盟收集配种记录 7 936 条、妊检记录 3 708 条、产犊记录 2 600 条、女儿牛记录 1 473 条。香山联盟全年体型鉴定覆盖北京、天津、河北、上海、宁夏、山东、江苏、黑龙江、内蒙古、新疆等 26 个省（区、市）的 185 个牧场，累计鉴定牛只 82 203 余头，出具各类牧场评估报告 280 余份。

第四章　奶牛种业企业扶优

一、两大要素集聚，保障种业企业扶优行动

（一）政策保障

2022年7月，《农业农村部办公厅关于扶持国家种业阵型企业发展的通知》（农办种〔2022〕5号）明确重点推进科研单位、金融机构和种业基地与阵型企业“三对接”，打造企业扶优的重要平台，引导资源要素向优势企业集聚，要求各地农业农村部门要把阵型企业作为企业扶优的重点对象。2023年北京、河北、内蒙古、山东、宁夏等奶牛主产省（区、市）陆续推出奶牛种业阵型和企业扶优相关政策，强化四项保障。一是建立国家种业阵型企业“一对一”联系机制，实行“一企一策”梯度培育，引导人才、技术、资源聚集。二是支持龙头企业开展奶牛育种科技攻关，构建以企业为主体、科研院所和高校为骨干、“产学研用”协同、“育繁推”一体化的商业化育种体系，深入实施省农业良种工程和现代种业提升工程。三是建立奖励机制，对核心育种场、优秀种公牛、优秀胚胎和冻精给予补贴。四是加大财政金融和土地等政策支持，加强种业企业人才引进培养。

（二）金融支持

2023年6月，《中国人民银行　国家金融监督管理总局　证监会　财政部　农业农村部关于金融支持全面推进乡村振兴 加快建设农业强国的指导意见》（银发〔2023〕97号），对做好粮食和重要农产品稳产保供金融服务、强化巩固拓展脱贫攻坚成果金融支持、加强农业强国金融供给等9个方面提出了具体要求。三年来，在人民银行等多部门联合发文，积极支持符合条件的国家种业阵型企业上市、挂牌融资和再融资；在财政部等部门联合发文鼓励保险机构开展制种保险试点等融资政策的支持下，奶牛种业企业，先后利用中国农业发展银行、中国农业银行、中国建设银行等创新推出的活体牲畜抵押等担保方式，解决融资担保难题，打通金融支持种业的“最后一公里”，显著提升种源基地的建设水平。

二、奶牛种业阵型企业和龙头企业初现

2022年，农业农村部从3万余家企业中遴选出270家种业企业，形成一批有组织、有优势、有特色的攻关战略力量。中国农业大学围绕蛋鸡、奶牛、北京鸭等主要畜禽种业，与北京首农畜牧发展有限公司、北京大北农生物技术有限公司等企业开展智能育种、营养健康农作物、畜禽重大新品种培育等领域深度合作。各省（区、市）积极响应农业农村部号召，积极谋划支持政策，建立与国家阵型企业“一对一”“一对多”“多对多”联系机制。北京首农畜牧发展有限公司、河北乐源牧业有限公司、内蒙古赛科星繁育生物技术（集团）股份有限公司、光明牧业有限公司、山东奥克斯畜牧种业有限公司、河南花花牛实业总公司、新疆天山畜牧生物育种有限公司7个国家奶牛阵型企业的存栏规模及供种能力迅速提高，在全国打造形成“7+24”的奶牛种业阵型，领军企业、特色企业、专业化平台企业加速发展，集群效应初步显现，发展势头良好。与2021年相比，阵型企业的资产实力更加雄厚，科研投入显著增加，发展格局不断优化，为高质量推进种业振兴提供了有力支撑。

三、分类扶优扶强种业企业

（一）企业供种能力显著提升

2022年，北京首农畜牧发展有限公司、河北乐源牧业有限公司、内蒙古赛科星繁育生物技术（集团）股份有限公司、光明牧业有限公司、山东奥克斯畜牧种业有限公司、河南花花牛畜牧科技有限公司、新疆天山畜牧生物育种有限公司7家奶牛育种企业入选“补短板”种业阵型（表2–2）。阵型企业积极开展育种芯片、基因组选择育种、高效胚胎生产等种牛自主培育技术研发，组建高产育种核心群，培育优秀种公牛，供种能力显著提升。

表2–2　2021—2023年国家奶牛种业阵型企业情况

阵型企业名称	2021年与2023年的固定资产/万元	奶牛存栏（荷斯坦奶牛）	技术研发人员/人	研发投入/万元	冻精市场占有率及服务区域	专利及获奖	供种能力
北京首农畜牧发展有限公司	139 137/178 713	公牛146头；母牛9.7万头	86	240 160	国产冻精占同类产品35%~40%	专利91件；获奖37件	平均单产11.86吨；采精公牛103头；生产冻精114万剂、胚胎352枚；年培育种公牛43头
河北乐源牧业有限公司	195 000/335 000	公牛190头；母牛18.7万头	80	3 298	国产冻精占同类产品的6.5%，服务基本覆盖全国	专利3件；获奖1件	305天产奶量13吨；采精公牛69头；生产冻精87万剂、胚胎8 000枚

续表 2-2

阵型企业名称	2021 年与 2023 年的固定资产 / 万元	奶牛存栏（荷斯坦奶牛）	技术研发人员 / 人	研发投入 / 万元	冻精市场占有率及服务区域	专利及获奖	供种能力
内蒙古赛科星繁育生物技术（集团）股份有限公司	13 140/ 13 816	公牛 75 头；母牛 15.5 万头	81	8 820	冻精销售市场占有率 20%；服务 29 个省 / 市	专利 28 件；获奖 16 件	生产冻精 44 万剂、胚胎 2 万枚；培育后备种公牛 40 头
光明牧业有限公司	84 030/ 159 541	公牛 64 头；母牛 11.8 万头	17	2 627	冻精销售市场占有率为 3%~5%；服务全国	专利 20 件，其中发明专利 6 件	头胎 305 天产奶量 11.3 吨；生产冻精 18 万剂
山东奥克斯畜牧种业有限公司	1 517/ 2 417	公牛 175 头；母牛 3 000 头	22	5 639	国产冻精市场占有率为 18% 左右；服务 20 个省	获奖 3 件	生产冻精 105 万剂、胚胎 2 万枚
河南花花牛畜牧科技有限公司	9 239/ 8 282	母牛 4 900 头	20	372			核心群 644 头；生产胚胎 129 枚
新疆天山畜牧生物育种有限公司	129/ 139	种公牛 6 头	9	1 078	服务新疆乌鲁木齐、昌吉和奎屯	专利 2 件；软件著作权 5 个	生产冻精 22 万剂：常规冻精 20 万、性控冻精 2 万

1. 北京首农畜牧发展有限公司

3 个自营牧场入选国家奶牛核心育种场，延庆种公牛站入选首批国家核心种公牛站。种牛自主培育能力提升，2023 年农业农村部发布乳用种公牛遗传评估概要，GCPI 指数前 100 名，公司占 39 头，排名第一。2021 年至今，累计培育 GTPI 2 900 以上 84 头，其中自主培育 13 头。

2. 河北乐源牧业有限公司

2023 年通过胚胎移植培育种公犊 115 头，40 头 GTPI 超 3 000，1 头 NM 进入排名 TOP 100，1 头产奶量育种值 PTAM 达到 3 255，排名第一。培育种子母犊 203 头，44 头 GTPI 超 3 000，平均为 2 991。建立了 OPU-IVF 胚胎生产技术体系，2023 年移植胚胎 1.12 万枚。

3. 内蒙古赛科星繁育生物技术（集团）股份有限公司

旗下 2 个牧场入选国家奶牛核心育种场。近三年累计培育种公牛 300 余头，公牛 15520017 连续近两年全国青年公牛 GCPI 排名前三，20 头公牛进入 2023 年 GCPI 排名前 100。根据美国 2023 年 12 月的遗传评估成绩，在我国注册公牛排名前 20 中，16 头来自赛科星；551HO04170 为验证公牛，排名 54，后代母牛产奶量 13.7 吨。2023 年生产体内、体外胚胎 18 000 余枚，移植高产性控胚胎 18 454 枚。

4. 山东奥克斯畜牧种业有限公司

持续推广基于奶牛电子耳标和采样瓶条形码识别的 DHI 信息化采样系统，提高采样效率及数据准确性，建立表型数据库，累计测定数据突破 120 万条。自建育种基地，推进核心种源自主培育以来，培育出 5 头全国排名前十的种公牛。在 2023 年中国乳用种公牛遗传评估结果中，5 头青年公牛 GCPI 排名全国前 10。

5. 光明牧业有限公司

光明牧业有限公司拥有 1 个国家奶牛核心育种场，培育种公牛 28 头，公牛 3112418 GTPI 3 168 刷新纪录。

6. 河南花花牛畜牧科技有限公司

河南花花牛畜牧科技有限公司为国家奶牛核心育种场，夯实奶牛基础育种工作，DHI 参测率及合格率均为 99.9%；协助北方联盟持续开展联合后裔测定，组建核心群组建。

7. 新疆天山畜牧生物育种有限公司

新疆天山畜牧生物育种有限公司积极开展公牛后裔测定，开展种公牛培育，2023 年 10 月通过新疆首批布病、结核病无疫小区及国家级现场评审，拥有 1 家国家奶牛核心育种场。

（二）国产奶牛良种培育和自主繁育体系建设取得成效

2000—2023 年共计 8 批 24 家奶牛种业相关的企业获批农业产业化国家重点龙头企业（表 2-3），其中多家企业为国家级或省级奶牛核心育种场、国家种业阵型企业。2023 年，重点龙头企业奶牛单产持续提高达到 10 吨以上，繁育体系逐步完善，更加重视育种，组建高产育种核心群，科学选种选配，信息化管理，注重产奶、体型、繁殖等更多基础数据测定与收集，为我国荷斯坦公牛遗传评估及优秀种牛培育提供了数据支撑。

表 2-3　奶牛种业国家重点龙头企业

序号	入选年度及批次	企业名称	所在地区
1	2000 年第一批	北京三元食品股份有限公司	北京市
2	2000 年第一批	山西古城乳业集团有限公司	山西山阴市
3	2000 年第一批	山东得益乳业股份有限公司	山东淄博市
4	2000 年第一批	北大荒完达山乳业股份有限公司	黑龙江哈尔滨市
5	2000 年第一批	光明乳业股份有限公司	上海市
6	2004 年第三批	济南佳宝乳业有限公司	山东济南市
7	2004 年第三批	山东益生种畜禽股份有限公司	山东烟台市
8	2008 年第四批	兰州庄园牧场股份有限公司	甘肃兰州市

续表 2-3

序号	入选年度及批次	企业名称	所在地区
9	2011 年第五批	现代牧业（集团）有限公司	安徽马鞍山市
10	2011 年第五批	北京中地种畜有限公司	北京市
11	2011 年第五批	君乐宝乳业集团有限公司	河北石家庄市
12	2013 年递补	天津华明乳业有限公司	天津市
13	2017 年递补	天津嘉立荷牧业有限公司	天津市
14	2017 年递补	新疆天润乳业股份有限公司	新疆乌鲁木齐市
15	2018 年递补	山西九牛农业开发有限公司	山西太原市
16	2019 年第六批	河南花花牛乳业集团股份有限公司	河南驻马店市
17	2019 年第六批	云南乍甸乳业有限责任公司	云南个旧市
18	2020 年递补	新疆石河子花园乳业有限公司	新疆石河子市
19	2022 年第七批	山东亚奥特乳业有限公司	山东泰安市
20	2022 年第七批	天津食品集团有限公司	天津市
21	2022 年第七批	阿拉尔新农乳业有限责任公司	新疆阿拉尔市
22	2023 年递补	内蒙古优然牧业有限责任公司	内蒙古呼和浩特市
23	2023 年递补	内蒙古圣牧高科牧业有限公司	内蒙古呼和浩特市
24	2024 年第八批	认养一头牛控股集团股份有限公司	河北衡水市

河北省整合资金 7 000 多万元打造奶牛种业省内龙头，实现模式、布局、能力和水平的四个提升。构建 1 个阵型企业 +1 个国家级奶牛核心育种场 +N 个省市级奶牛育种企业的协作创新平台，建立起河北省荷斯坦牛种质创新联盟，加快阵型企业与科研单位、金融机构、良繁基地、种业项目的“四对接”。推动河北乐源牧业有限公司与石家庄天泉良种奶牛有限公司强强联合。推动龙头企业与中国农业大学、中国农业科学院、河北农业大学、西北农林科技大学、华中农业大学、沈阳农业大学以及比利时列日大学等国内外科研机构开展奶牛育种合作项目。2021 年，河北乐源牧业有限公司在鹿泉建立了年产 5 万枚胚胎的实验室；2023 年，河北品元生物科技有限公司启动“国内国外同步自主育种”模式，自主培育优秀种子公牛能力显著提升，种公牛供种能力满足省内市场需求。

第五章　奶牛种业基地提升

一、种牛场数量稳步增加

截至2023年年底，全国共有种奶牛场320家（表2-4），分布于29个省（区、市），占全国种牛场总数的48.41%。奶牛存栏量163.17万头，其中能繁母牛存栏量92.11万头，全年出场种牛7.59万头，年生产胚胎3.81万枚。种奶牛场区域集中度较高，其中内蒙古、宁夏、山东、河北和甘肃5个省（区）种牛存栏量占全国种牛存栏量的64.96%，能繁母牛存栏量占全国能繁母牛存栏量的63.03%，年出场种牛数量占全国出场种牛数量的61.72%。

表2-4　2023年全国种奶牛场统计情况

序号	省（区、市）	场数/家	2023年年末存栏量/头	能繁母牛存栏量/头	年出场种牛数量/头	年生产胚胎/枚
1	北京	12	21 131	11 216	116	82
2	天津	3	13 871	6 492	0	0
3	河北	12	221 981	67 498	3 233	12 953
4	山西	15	59 907	34 235	3 762	80
5	内蒙古	58	399 577	261 128	27 555	2 230
6	辽宁	32	67 165	50 305	1 716	80
7	吉林	1	601	526	0	0
8	黑龙江	9	36 332	21 856	2 174	1 370
9	上海	1	5 338	4 174	3	0
10	江苏	7	31 703	16 151	1 217	661
11	浙江	2	4 901	2 855	636	0
12	安徽	6	78 994	43 380	1 950	0

续表 2–4

序号	省（区、市）	场数 / 家	2023 年年末存栏量 / 头	能繁母牛存栏量 / 头	年出场种牛数量 / 头	年生产胚胎 / 枚
13	福建	17	25 174	17 266	1 902	3 677
14	江西	5	24	15	7	18
15	山东	29	186 041	105 081	10 853	6 369
16	河南	16	53 438	28 077	5 744	0
17	湖南	1	1 974	1 255	0	0
18	广东	9	25 568	13 040	630	2 156
19	广西	2	2 209	1 239	253	0
20	海南	4	1 416	1 005	50	263
21	重庆	1	2 115	2 115	0	0
22	四川	7	16 182	10 628	608	0
23	贵州	2	3 956	2 294	0	0
24	云南	10	29 326	17 094	2 799	90
25	西藏	3	154	58	29	28
26	陕西	7	30 825	19 822	176	60
27	甘肃	15	105 793	68 132	2 642	3 600
28	宁夏	19	146 568	78 719	2 541	2 824
29	新疆	15	59 407	35 424	5 273	1 588

二、核心种牛数量和性能稳步提高

截至 2023 年年底，国家奶牛核心育种场 26 家（表 2–5），以荷斯坦奶牛为主（塔城地区种牛场仅饲养新疆褐牛），其中 2023 年遴选新增 6 家。核心育种场奶牛存栏量为 14.4 万余头、荷斯坦奶牛核心群 10 310 头、褐牛核心群 260 头。2023 年产犊 7.6 万余头，培育进站采精种公牛 100 头。

国家奶牛核心育种场的奶牛生产性能显著高于全国平均水平，2023 年荷斯坦奶牛年单产为 11.81 吨、使用胎次为 2.73 胎、平均产犊间隔 384 天。核心群母牛生产性能明显高于全群水平，305 天产奶量为 12.28 吨（头胎牛产奶量为 11.75 吨，经产牛产奶量为 12.81 吨），比全国 DHI 参测牛平均水平高 15.85%；核心育种场乳脂率为 4.07%，比全国平均水平同比高 1.24%；乳蛋白率为 3.41%，与全国平均水平基本持平；体细胞数为 18.75 万个 / 毫升，比全国平均水平同比低 1.95 万个 / 毫升。

新疆褐牛更加关注长寿性状，核心育种场成母牛年单产为 3.7 吨、使用胎次为 4 胎，平均产犊间隔 432 天。核心群 305 天产奶量为 3.9 吨（头胎牛产奶量为 3.7 吨，经产牛产奶量为 4.1 吨）、平均乳脂率为 3.95%、乳蛋白率为 3.62%、体细胞数为 47 万个 / 毫升。2023 年累计销售种牛 7 564 头，其中母牛 6 529 头。

表 2–5 国家奶牛核心育种场

头

序号	企业名称	省（区、市）	品种	入选年份	总存栏量	核心群数
1	北京首农畜牧发展有限公司奶牛中心良种场	北京	荷斯坦牛	2018	1 456	230
2	北京首农畜牧发展有限公司（金银岛牧场）	北京	荷斯坦牛	2021	2 869	452
3	北京首农畜牧发展有限公司（南口二场）	北京	荷斯坦牛	2022	2 150	
4	天津梦得集团有限公司（天津富优农业科技有限公司）	天津	荷斯坦牛	2021	4 731	393
5	石家庄天泉良种奶牛有限公司	河北	荷斯坦牛	2018	1 536	224
6	河北康宏牧业有限公司	河北	荷斯坦牛	2021	11 428	428
7	内蒙古犇腾牧业有限公司第十二牧场	内蒙古	荷斯坦牛	2018	2 507	301
8	现代牧业（通辽）有限公司	内蒙古	荷斯坦牛	2021	13 634	400
9	大连金弘基种畜有限公司丛家牛场	辽宁	荷斯坦牛	2018	1 336	270
10	光明牧业有限公司金山种奶牛场	上海	荷斯坦牛	2018	5 338	436
11	东营神州澳亚现代牧场有限公司	山东	荷斯坦牛	2018	12 957	1 886
12	山东视界牧业有限公司	山东	荷斯坦牛	2022	12 735	338
13	泰安金兰奶牛养殖有限公司	山东	荷斯坦牛	2022	1 167	260
14	河南花花牛畜牧科技有限公司	河南	荷斯坦牛	2018	2 556	244
15	云南牛牛牧业股份有限公司	云南	荷斯坦牛	2021	5 676	550
16	贺兰中地生态牧场有限公司（贺兰优源润泽牧业有限公司）	宁夏	荷斯坦牛	2018	12 161	684
17	宁夏农垦贺兰山奶业有限公司（平吉堡奶牛三场）	宁夏	荷斯坦牛	2021	1 320	410
18	宁夏农垦乳业股份有限公司平吉堡第六奶牛场	宁夏	荷斯坦牛	2022	5 256	402
19	塔城地区种牛场	新疆	新疆褐牛	2018	287	260
20	昌吉市吉缘牧业有限公司（原新疆天山畜牧生物工程股份有限公司良种繁育场）	新疆	荷斯坦牛	2018	1 243	427
21	甘肃农垦天牧乳业有限公司（奶牛一场）	甘肃	荷斯坦牛	2023	9 573	472
22	沂南中地牧业有限公司	山东	荷斯坦牛	2023	12 419	271
23	甘肃安贝源乳业有限公司	甘肃	荷斯坦牛	2023	5 498	240
24	内蒙古赛科星牧业有限公司	内蒙古	荷斯坦牛	2023	7 150	340
25	哈尔滨完达山奶牛养殖有限公司	黑龙江	荷斯坦牛	2023	4 101	252
26	天津天食智慧牧业有限公司	天津	荷斯坦牛	2023	2 930	400

三、种公牛站集中度进一步提高

全国共有 46 家具有种畜禽生产经营许可证的种公牛站，其中 25 家从事乳用种公牛培育与冷冻精液的推广（表 2–6），共存栏荷斯坦种公牛 431 头、娟姗种公牛 21 头，数量保持稳定，种公牛遗传性能稳步提高。2023 年，北京首农畜牧发展有限公司奶牛中心（延庆种公牛站）、山东奥克斯畜牧种业有限公司和河南省鼎元种牛育种有限公司入选首批国家核心种公牛站，信息化等软硬件水平得到不断提升。种公牛站行业集中度进一步提高，北京首农畜牧发展有限公司奶牛中心（延庆种公牛站）、山东奥克斯畜牧种业有限公司和天津天食牛种业有限公司的荷斯坦牛存栏量约占全国的 50%，荷斯坦牛冷冻精液的生产量占全国的 69%，荷斯坦牛冷冻精液的销售量占全国的 46%。根据 2023 年全国乳用种公牛遗传评估排名，北京首农畜牧发展有限公司奶牛中心（延庆种公牛站）、山东奥克斯畜牧种业有限公司等自主培育的种公牛在全国排名前 100；在青年公牛前 100 名中，山东奥克斯畜牧种业有限公司入围数量居第一；在验证公牛前 100 名中，天津天食牛入围数量超过 30 头，约占全国入围数量的 30%。

表 2–6　奶牛种公牛站

序号	种公牛名称	品种	采精乳用公牛 / 头	冻精年产量 / 万剂
1	北京首农畜牧发展有限公司奶牛中心（延庆种公牛站）	荷斯坦牛、西门塔尔牛、利木赞牛、夏洛莱牛、安格斯牛、娟姗牛、瑞士褐牛、华西牛	103	114.36
2	天津天食牛种业有限公司	荷斯坦牛	58	42.40
3	河北品元生物科技有限公司	荷斯坦牛、西门塔尔牛、和牛	28	7.80
4	秦皇岛农瑞秦牛畜牧有限公司	荷斯坦牛、西门塔尔牛、安格斯牛、比利时蓝牛	39	45.00
5	亚达艾格威（唐山）畜牧有限公司	西门塔尔牛、安格斯牛、荷斯坦牛	34	0
6	山西省畜禽育种有限公司	荷斯坦牛、西门塔尔牛、夏洛莱牛、安格斯牛、晋南牛	28	67.29
7	内蒙古赛科星家畜种业与繁育生物技术研究院有限公司种公牛站	荷斯坦牛、西门塔尔牛、安格斯牛、蒙贝利亚牛、弗莱维赫牛、和牛、娟姗牛	34	44.00
8	内蒙古中农兴安种牛科技有限公司	西门塔尔牛、华西牛、夏洛莱牛、安格斯牛、利木赞牛、海福特牛、荷斯坦牛	56	146.38
9	内蒙古天邦生物工程有限公司	华西牛、西门塔尔牛、利木赞牛、夏洛莱牛、安格斯牛、荷斯坦牛、海福特牛	36	23.93
10	大连金弘基种畜有限公司	荷斯坦牛、娟姗牛、西门塔尔牛、瑞士褐牛、安格斯牛、利木赞牛、中国西门塔尔牛	27	34.50
11	上海奶牛育种中心有限公司	荷斯坦牛、西门塔尔牛	36	3.10

续表 2-6

序号	种公牛名称	品种	采精乳用公牛 / 头	冻精年产量 / 万剂
12	山东省种公牛站有限责任公司	荷斯坦牛、西门塔尔牛、利木赞牛	33	12.00
13	山东奥克斯畜牧种业有限公司	荷斯坦牛、蒙贝利亚牛、和牛、西门塔尔牛	74	105.97
14	河南省鼎元种牛育种有限公司	荷斯坦牛、西门塔尔牛、利木赞牛、德国黄牛、安格斯牛、娟姗牛、皮埃蒙特牛、华西牛、海福特牛、新疆褐牛、金黄阿奎登牛	49	120.98
15	武汉兴牧生物科技有限公司	西门塔尔牛、夏洛莱牛、娟姗牛、尼里－拉菲水牛、摩拉水牛、地中海水牛	11	3.65
16	湖南光大牧业科技有限公司种公牛站	西门塔尔牛、利木赞牛、摩拉水牛、安格斯牛、巫陵牛	2	1.00
17	广西壮族自治区畜禽品种改良站	摩拉水牛、尼里－拉菲水牛、意大利奶用水牛、利木赞牛	43	8.34
18	成都汇丰动物育种有限公司	西门塔尔牛、荷斯坦牛、娟姗牛、蜀宣花牛、金川牦牛、麦洼牦牛	2	0
19	云南省种畜繁育推广中心冻精站	西门塔尔牛、短角牛、安格斯牛、摩拉水牛、尼里水牛、云岭牛、荷斯坦牛	8	0.26
20	大理白族自治州家畜繁育指导站	西门塔尔牛、短角牛、荷斯坦牛、摩拉水牛、尼里－拉菲水牛、云岭牛	19	6.88
21	云南澳克斯畜牧发展有限公司	西门塔尔牛、安格斯牛、荷斯坦牛	0	0.40
22	云南省华育生物科技有限公司	西门塔尔牛、华西牛、夏洛莱牛、利木赞牛、安格斯牛、荷斯坦牛、云岭牛、皮埃蒙特牛、海福特牛、娟姗牛	15	45.60
23	西安市畜牧技术推广中心种公牛站	荷斯坦牛、和牛、西门塔尔牛、秦川牛	33	7.99
24	宁夏种牛生物科技有限公司	荷斯坦牛、西门塔尔牛、蒙贝利亚牛、安格斯牛	16	3.79
25	新疆天山畜牧生物育种有限公司	荷斯坦牛、新疆褐牛、西门塔尔牛、夏洛莱牛、安格斯牛、利木赞牛、和牛、娟姗牛	61	123.48

四、DHI 和冷冻精液检测能力稳步推进

目前，全国共有 DHI 测定实验室 39 家，分布在 24 个省（区、市），其中河北、山西、内蒙古、辽宁、黑龙江、山东、河南、陕西、宁夏和新疆等奶业主产省（区、市）成为测定主体，占全国参测牛只的 76.7%。2023 年，全国畜牧总站启动 3 个种业提升工程支持测试评价和育种创新项目。基于此，北京首农畜牧发展有限公司奶牛中心（延庆种公牛站）、山东奥克斯畜牧种业有限公司、内蒙古赛科

星家畜种业与繁育生物技术研究院有限公司种公牛站、宁夏奶牛 DHI 测定中心（银川）、沈阳市 DHI 测定中心、广西 DHI 测定中心和河南省奶牛生产性能测定中心等纷纷加强测定能力的建设，扩大 DHI 规模，为全国奶牛种公牛遗传评估提供了重要数据支撑。

DHI 标准物质可将仪器的标准曲线校准为同一水平，能保障量值溯源，确保全国奶牛种公牛遗传评估所用表型数据的准确性和可信度。全国奶牛生产性能测定标准物质制备实验室于 2004 年 9 月 20 日经农业部批准立项，位于顺义基地，全国畜牧总站承担项目实施。实验室开展标准物质制备与过滤技术优化，采用正交设计，包含 12 个梯度，利用孔径为 1.4 微米的陶瓷膜过滤除菌效率达 99% 以上，利用孔径为 20 纳米的陶瓷膜过滤，进行蛋白质浓缩。标准物质由多家第三方检测机构定制，稳定性高，总体达到国际先进水平，目前已在 27 个省（区、市）的 60 余家 DHI 中心推广和应用，累计 2 万余套。

依托北京奶牛中心和南京农业大学，分别建立了 2 个牛冷冻精液质量监督检验测试中心。该中心于 2023 年完成北京、内蒙古、吉林、辽宁，承担 48 头国产牛和 37 头进口牛冷冻精液的质量监督检验任务以及全国 19 个省（区、市）24 个种公牛站共 2 884 头牛的冷冻精液、542 头牛的性控冷冻精液、92 枚牛 / 羊胚胎、3 头牛亲子鉴定的委托检验任务；参与修订国标、行标和地方标准及验证工作。

第六章　奶牛种业质量监管

一、种牛及遗传材料进出口技术要求不断完善

2023 年 3 月新修订的《中华人民共和国畜牧法》正式实施，修订发布《种牛及冷冻精液和胚胎进口技术要求》（以下简称为《技术要求》）等。新修订的《技术要求》增加了“从境外引进种牛及冷冻精液和胚胎的供体的品种应在《国家畜禽遗传资源品种名录》内，且品种名称与其保持一致”；系谱信息由“三个世代”调整为“上溯至曾祖代”；在主要遗传缺陷基因标识中，新增“胆固醇缺失症”，删除“瓜氨酸血症”；在“从境外引进种公牛的技术条件”中，验证种公牛、青年种公牛综合育种值排名由应达到出口国家（地区）该品种的前 15% 调整为前 10%，且新增“综合育种值估计可靠性不低于 90%”以及“种母牛综合育种值排名应达到出口国家（地区）该品种的前 20%”的要求；新增“进口的牛冷冻精液和胚胎应提供证明其供体公牛和母牛的亲子鉴定遗传位点基因型”的要求，明确提出“出口国家（地区）的供种单位应提供种牛及精液和胚胎供体生产性能及其稳定性、真实性和一致性的技术资料，必要时农业农村部可委托质检机构进行性能评估和遗传分析等”。

二、奶牛种业标准技术体系不断健全

奶牛种业标准规范涵盖了基础标准、品种种质资源、遗传评估、遗传材料、繁育技术、生物安全和设施设备七大系列，包括品种登记、生产性能测定、体型鉴定、遗传评定、材料质量和生产规程等 15 个种类。现行奶牛种业相关标准 181 项，包括国家标准 23 项、行业标准 31 项、地方标准 106 项和团体标准 21 项。其中 2021—2023 年新发布实施的标准 63 项，包括《中国荷斯坦牛》（GB/T 3157—2023）、《牛冷冻精液》（GB 4143—2022）、《畜禽分子标记辅助育种技术规程》（GB/T 40188—2021）和《牛体内胚胎生产与移植技术规程》（GB/T 26938—2023）4 项。2023 年发布实施奶牛种业标准规范 24 项（表 2–7）。

表 2-7　2023 年奶牛种业发布实施标准

序号	标准层级	系列	种类	标准号及标准名称
1	国家标准	品种种质资源	品种标准	GB/T 3157—2023 中国荷斯坦牛
2	国家标准	繁育技术	牛群扩繁	GB/T 26938—2023 牛体内胚胎生产与移植技术规程
3	行业标准	基础标准	基础标准	NY/T 4443—2023 种牛术语
4	地方标准	品种种质资源	品种登记	DB 13/T 5855—2023 奶牛良种个体登记技术规程
5	地方标准	遗传评估	体型鉴定	DB 6540/T 023—2023 新疆褐牛体型外貌线性评定技术规程
6	地方标准	遗传材料	检测方法	DB 12/T 1189—2023 牛亲子鉴定技术流程
7	地方标准	遗传材料	生产规程	DB 51/T 3128—2023 畜禽遗传材料收集与保存技术规程
8	地方标准	遗传材料	生产规程	DB 62/T 4805—2023 家畜冷冻精液生产技术规程
9	地方标准	繁育技术	种牛繁育	DB 65/T 4697—2023 中国西门塔尔牛选育技术规范
10	地方标准	繁育技术	牛群扩繁	DB 13/T 5847—2023 荷斯坦奶牛高效繁殖技术规程
11	地方标准	繁育技术	牛群扩繁	DB 3707/T 080—2023 奶牛接产助产及产后操作规程
12	地方标准	繁育技术	牛群扩繁	DB 6540/T 026—2023 母牛淘汰技术规范
13	团体标准	品种种质资源	品种登记	T/GXAS 623—2023 奶水牛良种登记技术规范
14	团体标准	品种种质资源	品种登记	T/SHZSAQS 00226—2023 乳肉兼用牛母牛个体登记技术规程
15	团体标准	遗传评估	体型鉴定	T/SHZSAQS 00201—2023 新型乳肉兼用牛体型线性鉴定技术规范
16	团体标准	遗传评估	生产性能测定	T/SHZSAQS 00198—2023 新型乳肉兼用牛生产性能测定技术规范
17	团体标准	遗传评估	遗传评定	T/SHZSAQS 00200—2023 新型乳肉兼用牛肉用型评定技术规程
18	团体标准	繁育技术	种牛繁育	T/SHZSAQS 00202—2023 新型乳肉兼用牛早期选育技术规程
19	团体标准	繁育技术	种牛繁育	T/SHZSAQS 00203—2023 新型乳肉兼用牛种公牛选育技术规程
20	团体标准	繁育技术	种牛繁育	T/SHZSAQS 00227—2023 乳肉兼用牛 ACACA 基因标记辅助分子育种技术规程
21	团体标准	繁育技术	种牛繁育	T/SHZSAQS 00228—2023 乳肉兼用牛 Mass Array 分型验证多基因 聚合效应技术规程
22	团体标准	繁育技术	种牛繁育	T/SHZSAQS 00229—2023 乳肉兼用牛核心育种群组建技术规范
23	团体标准	繁育技术	牛群扩繁	T/CI 053—2023 荷斯坦奶公牛生长和育肥饲养管理技术规范
24	团体标准	繁育技术	牛群扩繁	T/SFLA 010—2023 中国农垦乳业联盟奶牛胚胎生产与移植技术规程

三、奶牛种业市场持续有力净化

聚焦奶牛种质质量监测，2021—2023年不断完善监管制度，创新监管方法，加强监管力度。一是加快制定《种畜禽生产经营许可管理办法》，进一步规范发放依据和范围，完善监管制度。二是初步构建种公牛分子身份证平台，正在研发基于微卫星标记和SNP标记的种公牛个体识别监测平台，创新监管方法。三是地方交叉互检与监督抽查相结合，加强监管力度，高质量完成奶牛种业监管年度任务。

根据《农业农村部办公厅关于印发〈2022—2023年全国种业监管执法年活动方案〉的通知》，全国畜牧总站印发《2023年种畜禽质检监管工作方案》。首次选取北京、内蒙古等10个试点省（区、市），对种畜禽生产经营许可证管理情况和种畜禽场（站）运行情况开展交叉互检，完成41家企业和1个省级行政办事大厅现场检查和监督抽查。各省（区、市）充分发挥省级畜禽种业行政、技术推广优势，根据本区域内种畜禽生产经营情况，自行开展种畜禽监管工作，全年共完成199头奶牛冷冻精液抽检，其中196头符合《牛冷冻精液》（GB 4143—2022），合格率达到98.0%。同时开展种公牛个体识别检测，为种牛质量打假提供了有力的技术支撑。种公牛冷冻精液合格率由2021年的92.4%提高到2023年的96.7%，其中进口牛冷冻精液合格率由2021年的86.4%提高到2023年的89.0%。

四、优化进口遗传物质的有效补充

进口奶牛遗传物质包括活体和遗传材料，遗传材料包括奶牛冷冻精液和胚胎。奶牛活体进口来源国主要为澳大利亚和新西兰，遗传材料进口来源国主要为美国。2021—2023年，对进口奶牛遗传物质和遗传水平的管理更加规范，需求更加明确。与2020年相比，2021—2023年的进口奶牛活体数量大幅度下降，进口奶牛遗传材料数量大幅度上升。

（一）种奶牛进口量同比大幅度下降

农业农村部统计，2023年累计进口审批活体种奶牛3.57万头，同比下降68.4%，实际进口3.48万头，其中荷斯坦牛34 665头、娟姗牛112头。2021—2022年的进口审批增速明显低于2019—2020年，2023年的进口审批量为近5年的最低水平（图2-12），澳大利亚进口和新西兰进口分别占进口审批量的58.3%和30.1%。

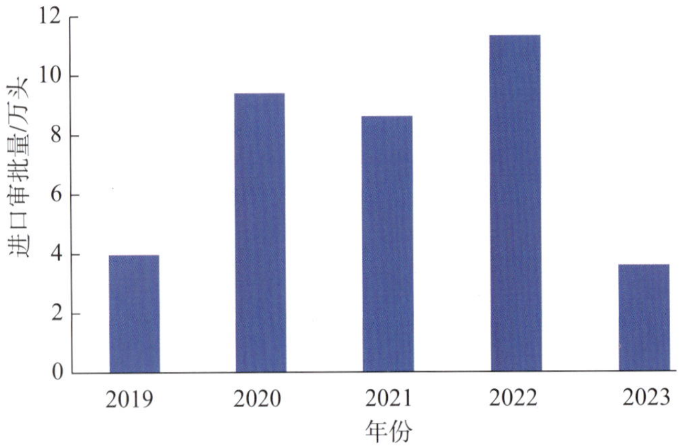

图 2-12　2019—2023 年的活体奶牛进口审批量

（二）种奶牛遗传材料进口审批量大幅度增加

2023 年，我国进口种奶牛冷冻精液审批量为 114 万剂，实际进口量为 102 万剂，同比增长 104%，全部为荷斯坦牛精液，来源于美国；种奶牛胚胎进口审批量为 5 105 枚，实际进口量为 4 929 枚（图 2-13），同比增长 474%，其中荷斯坦牛 4 884 枚、娟姗牛 21 枚、瑞士褐牛 24 枚，种奶牛胚胎全部来源于美国。

图 2-13　2021—2023 年的种奶牛遗传材料进口审批量

五、进口遗传材料后裔初见成效

2021—2023 年，中国奶业协会持续追踪和调查国内外荷斯坦种公牛冷冻精液在全国范围内的后裔表现情况，主要对近五年参加奶牛生产性能测定的公牛家系进行分析，共计 230 万头奶牛，分布在 1 601 个奶牛场，其中中国公牛的后裔女儿数量为 65.5 万头，占全部后裔女儿数量的 28.4%；进口冷冻精液的后裔女儿数量为 164.8 万头，父系为美国的后裔女儿数量为 140.5 万头，占全部后裔女儿总量的 61.0%。奶牛场的规模越大，国外冷冻精液后裔女儿的占比越高。不同泌乳牛规模奶牛场国内外公牛后裔分布情况（图 2–14）。

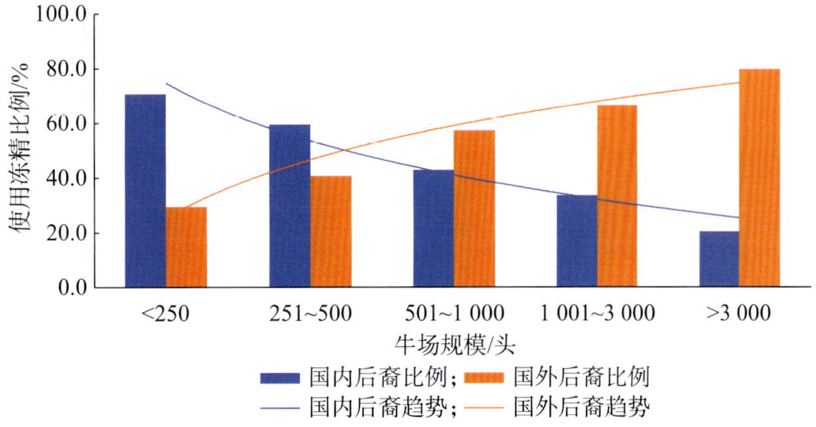

图 2–14　不同泌乳牛规模奶牛场国内外公牛后裔分布情况

通过对比国内外冷冻精液使用比例相对均衡（40%~60%）的 189 个奶牛场，对母牛父亲出生年度为 2002—2016 年，且后裔女儿出生年度在 2017 年及以后的母牛生产性能进行统计分析，公牛世代间隔按照 5 年计算和分组，3 个世代后裔女儿平均 305 天产奶量呈现递增趋势，平均世代增量达 108.5 千克。综合来看，虽然国外公牛女儿的产奶量略高于国内公牛女儿的产奶量，但是从世代间增幅来看，尤其是近 2 个世代，国内公牛女儿产奶量的增幅远高于国外公牛女儿的产奶量（图 2–15）。

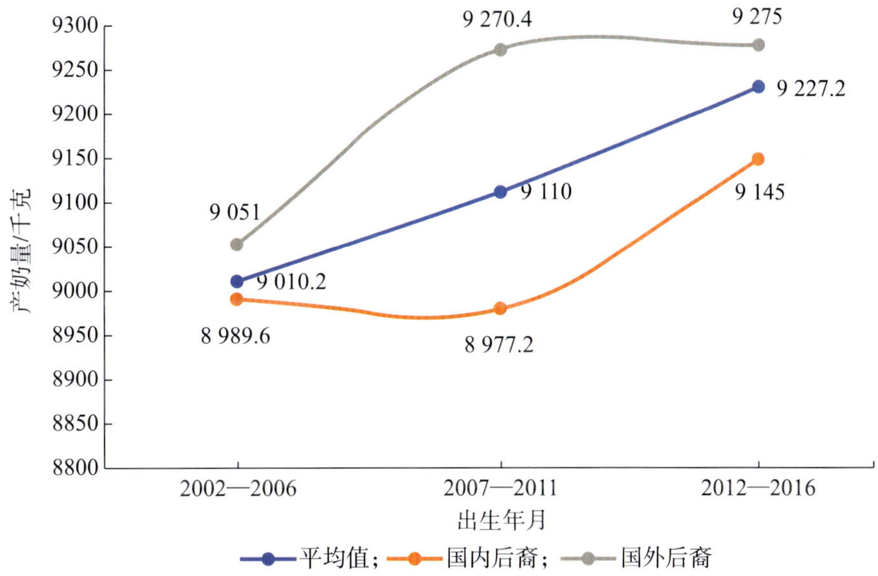

图 2–15　国内外种公牛平均世代产奶量表型进展

第七章　奶牛种业国际合作

一、中德牛业合作 12 年成效卓著

2010 年 1 月，中德两国农业部签署了《关于建立中德畜牧业技术创新中心意向书》，2011 年，中德畜牧业技术创新中心正式成立，签订了《中德畜牧业技术创新中心——中国牛业发展合作项目实施方案》。经过 2012—2024 年三期项目的实施，推动了德国先进牛业技术和优秀遗传物质的引进，在中国开展技术培训、技术研讨等活动，示范单位在牛群管理、犊牛腹泻防治、挤奶、选种选配、饲喂、修蹄、牛群营养健康、粪污处理、高效育肥和减排环保措施等方面提供有效指导。

二、科研合作为奶牛种业创新“充电”

国家重点研发计划政府间国际科技创新合作专项“中丹多组学联合选育低甲烷排放奶牛关键技术研究与应用”于 2022 年 11 月立项，为期三年，由丹麦奥胡斯大学数量遗传与基因组研究中心和中国农业大学承担。该项目旨在借鉴丹麦的测定经验，建立中丹联合的甲烷排放性状基因组评估技术体系，创新奶牛育种新性状，通过遗传手段助力奶牛减排目标的实现。

基于国家重点研发计划项目“奶牛、羊高产优质高效性状的分子调控网络”，中国农业大学与丹麦奥胡斯大学、美国农业部奶牛功能基因组研究室合作，参加 FarmGTEx 国家合作项目，针对奶牛产奶量、乳蛋白、乳脂、乳脂肪酸及抗病性状，整合由多个组织器官的多维度组学技术解析性状形成的遗传机制及分子调控网络，鉴定具有育种价值的主效功能基因及遗传变异位点，为奶牛基因组选择育种研究提供重要基因信息，提高了预测的准确性。

第八章　奶牛种业发展展望

一、完善奶牛种业自主创新体系

深入实施新一轮全国奶牛遗传改良计划，进一步夯实育种基础性工作，建立标准、规范的登记、性能测定数据收集体系，提升种质评价的公信力，持续开展优质种牛本土化自主培育。由奶牛种业阵型企业牵头，联合科研院所和其他企业，深入推进畜禽育种联合攻关，破卡点、补短板，建立健全奶牛种业自主创新体系。加快奶牛育种技术迭代升级，针对不同气候环境确定中国奶牛育种方向，扩大基因组选择参考群并拓展繁殖、健康、长寿等基因组预测技术的研发和应用，挖掘影响生产效率的重要基因和致病基因突变，创建本土化高效繁殖技术体系，突破性控等技术壁垒，研发智能监测设备并开发育种新性状进而实现精准选配，形成一批具有自主知识产权的创新性成果。

二、加强种牛遗传水平监管、治理能力现代化建设

贯彻落实新修订的《中华人民共和国畜牧法》，全面修订配套法规和部门规章制度，不断健全畜禽种业法律体系。打造畜禽种业大数据平台，推行监管监测一体化，健全畜禽种业统计调查制度，加强对重点企业和当家品种的统计监测，为种源实现高质量自主可控提供有力支撑。建立第三方检测技术体系，确保育种数据质量，进而监管种畜的种质质量。规范种畜禽进出口管理，加强对牛冷冻精液、胚胎和活体等常态化质量监测。随着冷冻精液国家标准的出台，应对所有在我国奶业市场流通的冻精产品实施更加严格的健康安全、产品质量及遗传水平的监测和监管。

三、加强奶牛种业政策创设

强化奶牛育种创新支持政策。保障奶牛生产性能测定财政专项稳定支持，系统组织开展生产性能

测定，为育种提供数据支撑。鼓励有条件的地区采取以奖代补方式，对持续开展育种创新、入选国家核心育种场、培育生产性能优异种牛的企业和科研及技术推广单位予以奖励。加大对畜禽育种创新重大科研专项的支持力度，建设种业创新科研的持续支持机制，鼓励开展全基因组选择等关键育种技术、地方品种资源挖掘等方面研究和实效的推广与应用，研究创设大家畜新特品系培育的政策支持。

强化种牛遗传水平监管政策。建立遗传物质改良效果监测制度，依托行业共享育种大数据平台，在遗传物质登记、存贮、个体识别和后裔成绩监督几个方面实施全面监管。

强化种业专业人才政策保障。为长远计，我们不仅需要形成奶牛种业高水平创新的战略科技力量，而且要锚定行业需求，积极从专业职业设置和岗位创制的角度形成支撑政策，为形成有自主研发能力、自主创新实力的“产学研用推”一体化模式提供支持与保障。

肉牛篇

第一章 发展概况

优秀肉牛遗传资源是我国肉牛核心种源自主可控的核心与基石。2023 年，中国肉牛种业在《种业振兴行动方案》的引领和各地政策的支持下不断发展，肉牛良种扩繁体系建设取得显著成效。

资源保护方面。全面完成第三次普查，与第二次调查相比，新增牛品种 26 个，包括新鉴定的地方品种 16 个、新审定的培育品种 4 个、引进品种 6 个。地方品种、培育品种和引进品种都有所增加，其中普通牛增加 11 个、水牛增加 2 个、牦牛增加 12 个、瘤牛增加 1 个，全面掌握了我国牛遗传资源群体数量以及地区分布。

创新攻关方面。培育了我国专门化肉牛品种——华西牛。华西牛冻精市场占有率进一步扩大，缓解了肉牛种源受国外掣肘的局面。自主研发了我国第一款肉牛基因组选择育种芯片 Cattle110K，打破了国外育种芯片的垄断，比常规育种芯片更适配中国肉牛品种。筹建国家肉牛遗传评估中心，基本完成肉牛遗传评估软件和硬件的国产化替代，逐步建立具有完全自主知识产权的肉牛遗传评估技术体系。夏南牛、云岭牛、延黄牛等培育品种持续选育，生产性能不断提高，区域特色进一步凸显。

基地提升方面。遴选、新增 5 个核心育种场和 5 个核心种公牛站，截至 2023 年年底，全国共有国家肉牛核心育种场 48 个，种母牛存栏量 1.5 万头，同比增加 18.92%；全国 47 家种公牛站存栏肉用采精种公牛共计 3 650 头，生产肉牛冻精 5 494.10 万剂，自产冻精销售量达到 3 238 万剂，同比增长 7.68%。

市场净化方面。新增行业标准 2 个、地方标准 7 个，完善了我国肉牛种业标准化技术体系，为种业发展保驾护航；全国新增 119 个国家级动物疫病净化场，2023 年未发生重大疫病，有效保护了我国肉牛种业市场的安全。

第二章　牛遗传资源保护和利用

一、全面掌握牛遗传资源状况

（一）摸清了牛遗传资源家底和主要分布区域

我国现有牛品种139个，包括普通牛83个、瘤牛1个、水牛30个、牦牛24个和大额牛1个（图3-1），占中国畜禽遗传资源品种的14%，其中地方品种107个、培育品种13个、引入品种19个。牦牛品种占全球登记牦牛品种的75%，水牛品种占全球登记水牛品种的21%，均居世界第一；普通牛品种占全球登记普通牛品种的6.5%，居世界第三。我国地方普通牛品种分布广、地域特征明显，基本分布在主产区及周边地区。例如，水牛主要分布在以稻作种植为主的温带、亚热带和热带气候条件的广大地区；牦牛集中分布于青藏高原高寒草地及其毗邻地区。

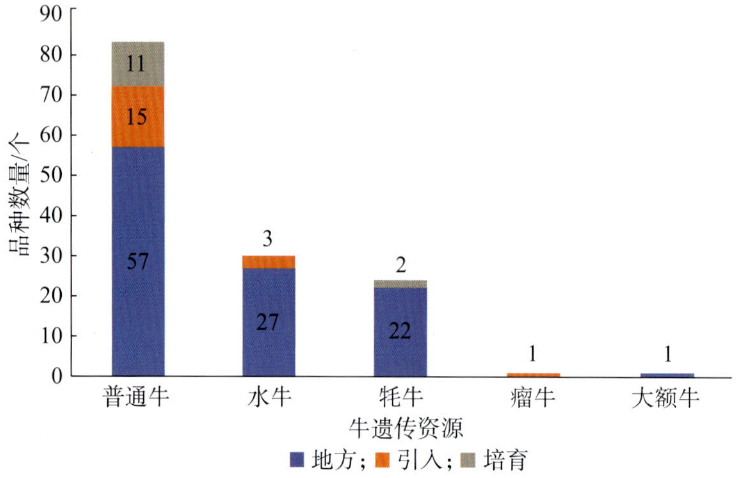

图3-1　牛遗传资源分类数量

（二）掌握了我国牛遗传资源的消长变化趋势

第三次普查全面摸清了牛遗传资源数量和分布变化，特别是青藏高原地区的牛遗传资源。第三次普查结果显示，我国牛遗传资源数量整体呈上升趋势，利用方向和模式更加多元化，肉用和乳用专门化特色突出，群体种质特性更加鲜明（表 3–1）。与第二次调查相比，第三次普查新增 26 个品种，包括 16 个新鉴定的地方品种（普通牛 4 个、水牛 1 个、牦牛 11 个）、4 个新审定的培育品种（普通牛 3 个和牦牛 1 个）、6 个引进品种（普通牛 4 个、水牛 1 个、瘤牛 1 个）。从存栏量上看，牦牛品种呈增长趋势，而地方普通牛和水牛品种下降趋势明显。在普通牛地方品种中，存栏量低于 1 000 头的普通牛地方品种有 16 个；在水牛地方品种中，存栏量低于 1 000 头的水牛地方品种有 6 个。

表 3–1　三次全国牛遗传资源调查（普查）结果对比

头

牛种	类型	第一次调查	第二次调查	第三次普查	新增
普通牛	地方品种	28	53	57	4
	培育品种	4	8	11	3
	引进品种	5	11	15	4
水牛	地方品种	1	26	27	1
	引进品种	2	2	3	1
牦牛	地方品种	5	11	22	11
	培育品种	0	1	2	1
大额牛	地方品种	0	1	1	0
瘤牛	引进品种	0	0	1	1
总计		45	113	139	26

（三）发现了一批特色新资源

2021—2023 年，6 个新资源通过国家畜禽遗传资源委员会鉴定，分别是江城黄牛、空山牛、帕米尔牦牛、查吾拉牦牛、亚丁牦牛和肃南牦牛，其中帕米尔牦牛、查吾拉牦牛被评为农业农村部 2021 年新发现的十大优异牛遗传资源。第三次普查还发现了曾被认定为已灭绝的上海水牛，组建了保种群，并测定了其生产性能。

（四）创建中国牛遗传资源特征特色数据库

第三次普查共拍摄牛品种个体及群体照片 1 932 张、影像资料 276 套，搜集测定数据 321 925 条。该次普查结果显示，45% 的地方品种成年牛的体重在 400 千克以上，南方地方品种多存在体格小、生长速度慢、后躯发育欠丰满等不足，而部分品种具有系水力高、肉质鲜嫩、风味口感优等特点，如鲁西牛、渤海黑牛、滇中牛和昭通牛的肌肉系水力均在 80%。

二、牛遗传资源濒危状况得到有效保护

（一）全面掌握牛遗传资源濒危状况

受生产方式、消费需求及生态环境变化等影响，11 个牛地方品种受到不同程度的威胁，存栏减少，存在消失灭绝的风险。按照“边普查、边保护”要求，农业农村部会同各地各部门实施了抢救性保护工作，取得了积极进展，存栏量开始恢复性增长。第三次普查结果显示，阿沛甲咂牛的数量下降最快，目前仅存 39 头，可用种公牛只有 1 头。影响因素包括个别品种的生产性能不能适应当前市场需求、人们对一些地方品种的特性认识不足、引入品种代替地方品种或盲目杂交“改良”等。

（二）濒危品种得到抢救性保护

2023 年 3 月，西藏科学技术厅立项“西藏濒危牛种质资源抢救性保护和种质特性评价”重点研发项目，利用超数排卵胚胎移植技术（MOET）、原位活体保护、体细胞杂种、克隆复原等技术，成功克隆樟木牛和阿沛甲咂牛公牛各 4 头，快速扩繁种公牛和种母牛，构建最后一道安全防线。河北省制定的《冀南牛保种技术方案》对保种技术指标、保种群建立、亲缘关系鉴定等做出规定，2023 年 4 月建立冀南牛省级保种场，现已完成 3 000 平方米标准化牛舍建设，采集冀南牛体细胞 210 份、冷冻精液 3 000 剂，冀南牛群体数量已从 2021 年普查时的 36 头扩群至现在的 60 头。山东省对蒙山牛进行抢救性保护，采集冷冻精液 6 000 剂、胚胎 200 枚、体细胞 210 份，蒙山牛种群也由普查时的 80 头扩群至 110 头，成效显著。

三、持续完善牛遗传资源保护体系

我国牛遗传资源保护以原产地活体保护为主，以遗传材料保存为辅，建立了国家、省两级管理的遗传资源保护体系。截至 2023 年年底，已对 21 个保护品种实现应保尽保，国家级保护品种活体保护率达 100%，共建设国家级保种场 22 个、保护区 2 个。各地建立省级保种场和保护区共 94 个，对 82 个地方品种进行了活体保种，省级保护品种保护率达 66% 以上。在遗传材料保存方面，国家家畜基因库保存牛冷冻精液、冷冻胚胎及体细胞共 169 827 份（剂），其中冷冻精液 165 683 剂，涵盖 30 个品种的 345 头公牛，冷冻胚胎共 15 个品种 2 821 枚，体细胞共 9 个品种 1 323 份。此外，安徽、北京、河北、上海、江苏、山东等地还建立了省级家畜或畜禽基因库 15 个。

四、精准鉴定助力资源保护和创新利用

（一）优异性状精准鉴定初见成效

我国牛遗传资源特性鲜明，尤其在肉质、适应性、耐粗饲和抗病力等方面的表现出色。通过对秦川牛、南阳牛等进行标准化屠宰分割和表型精准鉴定，育肥的秦川牛具有较高的屠宰率（56.18%）、净肉率（48.18%）和较好的大理石花纹评分及肉色；南阳牛在嫩度和熟肉率方面的表现更优。通过氨基酸组成分析，秦川牛的肌酸、赖氨酸和谷氨酰胺等风味氨基酸含量较高。对秦川牛上脑、眼肌、里脊和外脊四个高档肉部位的肉质性状进行比较与分析，上脑部位的肌内脂肪和游离脂肪酸的含量最高，里脊肉的蛋白质含量最高。基于表型组测定数据和多组学测定数据，挖掘了与肉质和风味性状相关的功能基因，为开发具有特定风味特性的牛肉产品提供了科学依据。

（二）分子身份证鉴定技术体系稳步构建

全面启动我国牛品种资源分子身份证鉴定技术体系构建工作。按照系谱、公母比例等要求，收集我国 126 个地方品种和引入品种 6 000 余份样本。2023 年完成了 DNA 样本采集、高通量基因组测序和提取，获得了 6 000 多个高质量基因组数据，开展了规模化的特异性 SNP 标记筛选。下一步将围绕牛遗传资源构建我国品种最多、规模最大的高质量 DNA 特征图谱，研发地方牛多品种精准鉴定技术，为我国牛遗传资源挖掘、保护利用与评价提供技术保障。

五、扎实推进牛遗传资源的产业化开发

按照“依法保护、科学利用”的原则，在保持地方品种主要优良性状基础之上，有序推动我国牛地方品种由资源优势转化为产业优势和市场优势，约一半的地方品种得到了产业化的开发和利用，且开发和利用的品种占比逐年扩大。槟榔江水牛被评为 2022 年“全国十大畜禽遗传资源转化典型案例”，形成了“种源基地 + 养殖基地 + 加工销售”的完整产业链，为地区产业结构调整、养殖增收、助力脱贫攻坚做出积极贡献。秦川牛、渤海黑牛、郏县红牛、夷陵牛和延边牛等地方品种依托种业阵型企业逐步构建肉牛育种、生产、加工与销售相配套的肉牛航母产业集群，形成独具地域特色的优质牛肉产品供应新格局。

第三章　肉牛种业创新攻关

一、育种基础不断夯实，生长发育性能进展良好

（一）品种登记与性能测定数据显著增长

我国肉牛产业在品种登记、性能测定、体型鉴定以及繁殖数据记录方面均实现了显著增长。截至2023年年底，全国肉牛品种登记8.50万头（图3–2）；生产性能测定覆盖全国，2023年参测肉牛数1.96万头，累计参测数6.15万头，2021—2023年增加了4万头（图3–3）；肉牛体型鉴定累计数量从2020年的6 098头增加到2023年的9 903头（图3–4）；2023年年底，国家核心育种场累计上报肉牛生长发育数据168 442条，其中2023年新增36 958条，种公牛站和育种场累计上报肉牛生长发育数据40 502条（图3–5）；全国肉牛繁殖记录数据（图3–6）稳步增加，截至2023年年底，配种记录达78 559条。

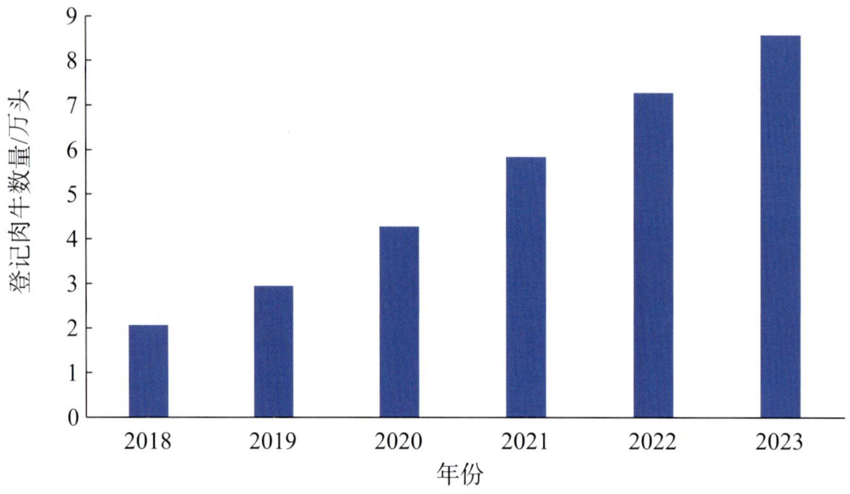

图3-2　全国肉牛累计登记情况

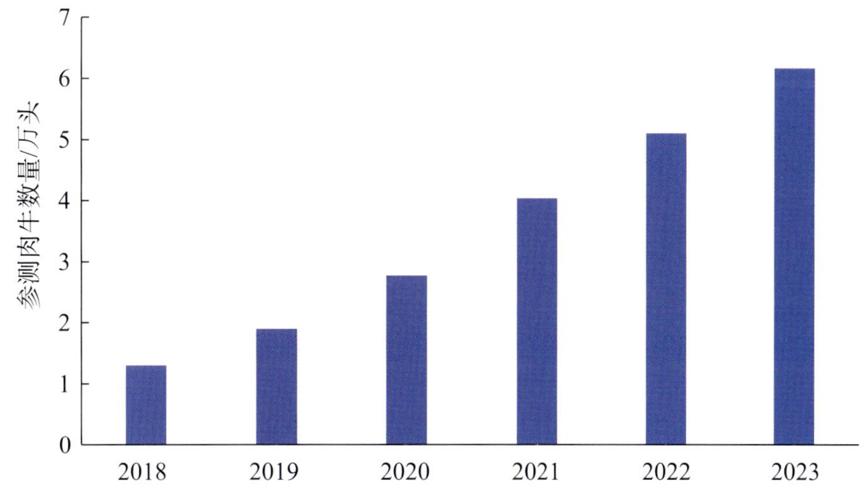

图 3-3　全国肉牛累计生产性能测定情况

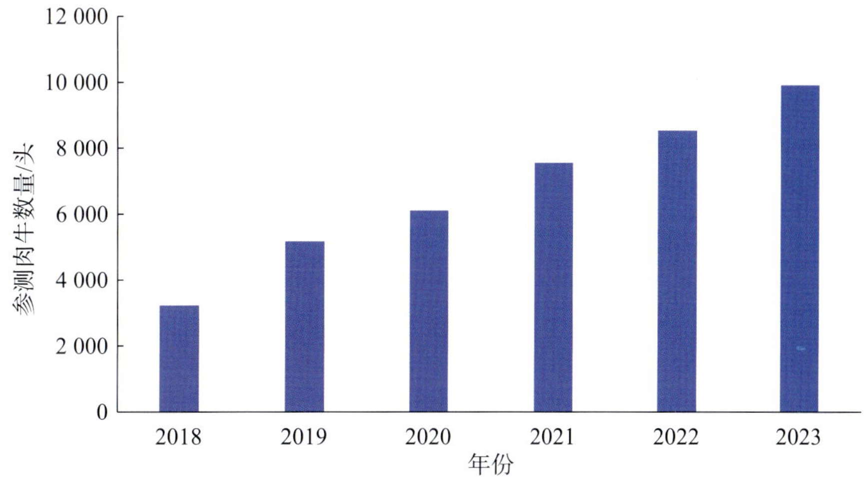

图 3-4　全国肉牛体型累计鉴定情况

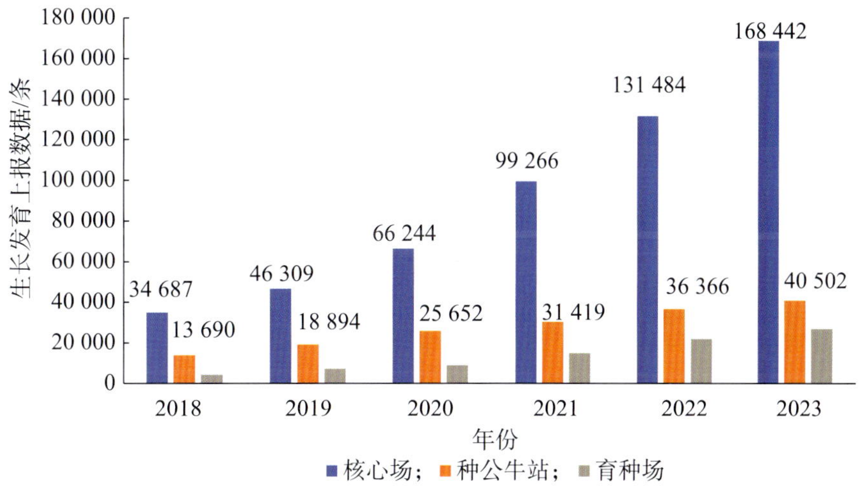

图 3-5　全国肉牛生长发育数据累计上报情况

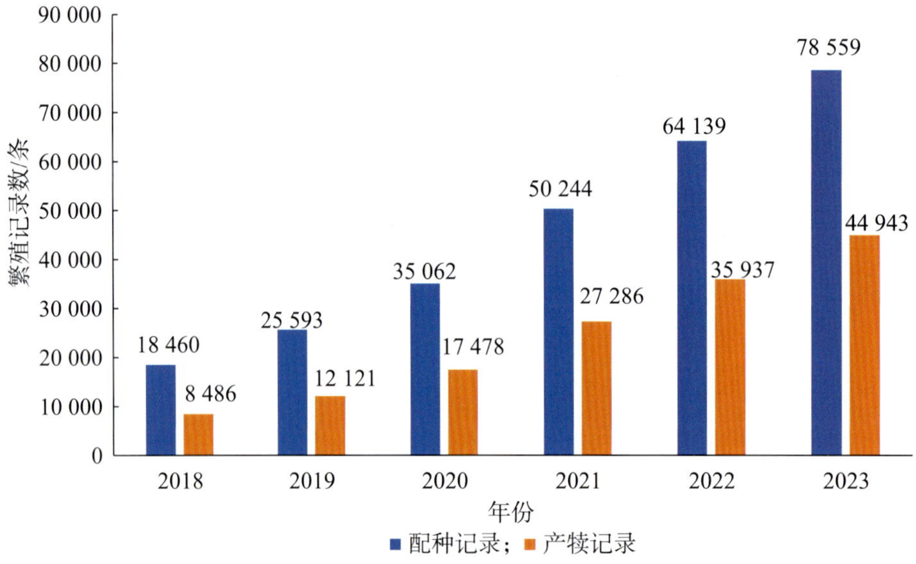

图 3-6　全国肉牛繁殖记录数据

（二）肉牛遗传进展明显

肉牛生长发育性状是重要的经济性状，也是每年评估工作的重要指标，其中初生重、6 月龄重和 18 月龄重的遗传力估计值分别为 0.44、0.43 和 0.38，属于中高遗传力。自 2018 年起，我国肉牛初生重、断奶重、6 月龄重和 12 月龄重呈现缓慢增长趋势（图 3–7），到 2023 年初生重、断奶重、6 月龄重和 12 月龄重分别可达 37.12 千克、139.28 千克、208.85 千克和 340.48 千克。

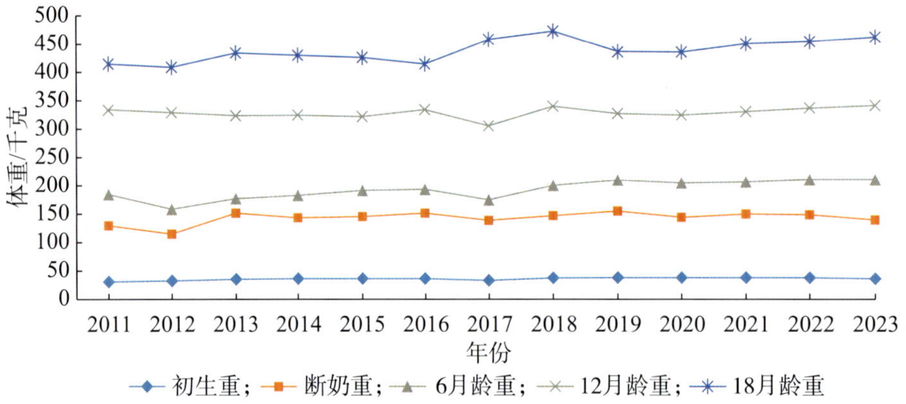

图 3-7　各阶段体重性状在不同年份的表型值变化

在遗传进展方面，2011—2023 年初生重指标的遗传进展虽有提升，但变化不大（图 3–8），6 月龄重和 18 月龄重的遗传进展呈现上升趋势。截至 2023 年年底，肉牛初生重、6 月龄重和 18 月龄重的每年平均遗传进展为 0.18 千克、2.05 千克和 1.91 千克。

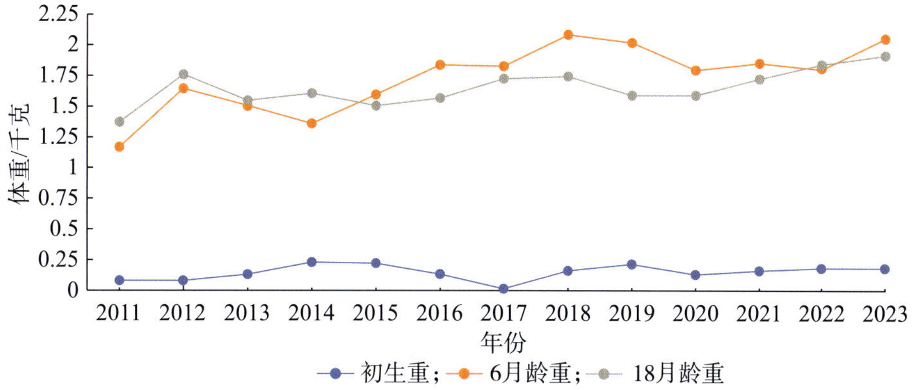

图 3-8 各阶段体重性状不同年份的遗传进展

二、育种联合攻关取得新进展

肉牛育种联合攻关取得实效，培育并推广了华西牛专门化肉牛新品种，组建了平凉红牛育种核心群，规范了沃金黑牛、海垦和牛等特色新品系培育工作，建立了资源信息共享与成果惠益共享机制，加快了我国肉牛新品种培育进程。

（一）国家育种联合攻关取得进展

2023 年 12 月，召开国家肉牛（华西牛）育种联合攻关工作总结会，全面总结联合攻关工作，探讨了肉牛高质量发展路径。截至 2023 年年底，华西牛育种群省份从 6 个扩大到 12 个，育种群规模从 1.30 万头增加到 1.76 万头。新增华西牛国家核心育种场 3 个（目前共有 5 个），华西牛采精公牛达到 287 头。

全国联合后裔测定工作扎实推进。2023 年 3 月，全国肉牛联合后裔测定工作会议在河南洛阳举办，13 家种公牛站的 146 头参测种公牛进行了冻精交换，共交换 21 900 剂冻精，其中交换华西牛 54 头种公牛的 8 100 剂冻精。2023 年 7 月，第四届全国种公牛拍卖会在内蒙古乌拉盖举办，内蒙古、河北、吉林、湖北、河南、云南等地的 15 个肉牛育种场 75 头种公牛参与拍卖，其中华西牛 45 头，最终成交种公牛 67 头，总拍卖额达 1 889 万元，“标王”为来自云南种畜繁育推广中心的华西牛种公牛，成交价为 66 万元，体现了华西牛的市场价值和推广前景。

（二）省级育种联合攻关范围持续扩大

各省（区、市）通过政策支持、技术创新和资源整合，共同推动肉牛种业高质量发展。吉林整合吉林大学、吉林农业大学等省内种业科技创新资源，与省内畜禽种业企业建立紧密的合作机制，共建种业创新平台，在基因组选择、数量遗传评估、性别控制等前沿技术方面开展联合攻关，加快沃金黑牛培育进程。内蒙古启动肉牛育种联合攻关项目，通过整合涉农科研院所、高校和企业等各类资源，建立“牵头单位＋首席专家＋创新团队＋优势企业”的育种体系，着力解决资源分散、单打独斗等问题，锻造长板、补足短板，计划给予 5 年以上的持续支持，力争打造全国领先的肉牛育种体系，培育 3~5 家在全国有较强影响力和竞争力的领军企业，保持畜禽育种全国领先优势。河南率先实施以企业为主体的省级农业良种联合攻关，投入财政资金 7 100 万元，探索构建 1 个企业 +1 位首席科学家 +*N* 个科研单位的联合攻关新模式，实现优势互补，着力破解生产、科研“两张皮”问题。在良种联合攻关的支持下，皮南牛新品种培育进程不断加快。陕西创建省级畜禽育种共性技术研发平台，通过设立重点专项和开展育种联合，促进秦川肉牛和秦宝牛的培育工作。

三、肉牛育种自主创新情况

（一）智能化测定设备加快育种数据收集

2023 年，国内外畜禽生产性能智能化测定设备被逐步用于我国畜禽生产性能测定，可对畜禽进行体况智能监测和无接触体尺、体重测定，并完成高通量表型数据采集。与传统性能测定相比，它的自动化程度高，能够有效节省人力、提高效率；畜禽表型数据获取更加多维、全面，提高了性能数据的准确性和可靠性。

1. 肉牛体重、体尺智能测定

利用高精度三维影像分析和数据处理技术能够精确估算家畜的体重和体尺，分析测定个体的生长曲线、体尺变化规律、体型与肉质的相关性等，构建模型预测牛只体重、肉质评分等关键指标，提升肉牛生长发育遗传评估的效率和准确性。同时，利用智能化分群系统可以快速完成牛只的称重分群任务，提高牛群的管理效率。

2. 计算机体层扫描活体，评估胴体性状

利用计算机体层扫描可以测定肉牛个体的肌肉、脂肪、骨骼等胴体组分，准确计算净肉率、脂肪含量、肉骨比等，并可通过体层扫描图计算眼肌面积、背膘厚等胴体性状，实现胴体性状快速、准确的活体检测。

3. 高光谱成像检测肉质

根据待测样品化学成分和物理特征，对肉牛肉质进行无接触、高通量、无损、高分辨率定性和定量检测分析。

4. 畜禽繁殖健康自动化监测

结构光深度相机和机器视觉技术可应用于妊娠母牛分娩检测、牛犊生长高频监测。实时监测和跟踪肉牛个体的身份信息、运动量和体况评分等重要数据，为精准养殖和畜牧信息化管理提供重要支撑，如自动体况评分系统可使奶牛、肉牛体况评估更加智能、便捷。

（二）华西牛基因组选择参考群体规模稳步提升

品种登记、性能测定、全产业链表型测定、基因组检测和多组学数据库建设等基础育种数据收集工作扎实推进。截至 2024 年 6 月，我国首个基因组参考群体——华西牛参考群体规模扩增至 4 548 头，并以每年超 300 头的速度递增，该参考群体已成为我国肉牛评估的主要参考群体。群体表型数据收集包括肉牛生长发育、肥育、饲喂效率、繁殖、胴体和肉质六大类 87 个性状，基本实现了我国肉牛全产业链表型信息的全覆盖。随着多组学测序数据的发展，该参考群体所有牛只除采用肉牛高密度芯片进行基因组检测外，超 1 000 头个体进行了转录组测序和代谢组测序，正逐步构建我国肉牛多组学数据库。

（三）多品种基因组技术体系不断完善

肉牛多品种基因组选择参考群体建设涵盖了我国地方品种、培育品种、引进品种等共计 24 个主要品种。截至 2023 年年底，我国肉牛多品种基因组选择参考群体规模已达 14 000 余头，其中种牛 8 071 头、育肥牛屠宰 6 094 头，所有牛只均已进行血液采集并进行基因组检测。系统收集种牛初生、断奶、6 月龄、12 月龄、18 月龄、24 月龄、36 月龄 7 个生长阶段的体重、体尺等 40 个指标数据与育肥屠宰牛 7 类 60 个主要经济性状，包括生长性状、繁殖性状、育肥性状、屠宰性状、胴体性状、肉质性状及饲料转化效率等，表型数据入库数量已达 60 余万条。此外，采集地方品种 833 头、培育与引进品种 894 头，并对 1 727 头牛的背最长肌、肝脏、瘤胃等重要部位的组织样进行了转录物组学检测和代谢物组学检测，其中 1 300 余头已经完成了肉质样品的检测工作，测定指标包括肉品质物性指标、总营养成分含量等关键指标。

（四）肉牛多品种基因组评估模型与育种芯片进展

2023 年对肉牛多品种育种芯片 Cattle110K 进行了大规模的性能评估及验证，肉牛基因组检测成本降低 80% 以上。通过液相芯片的定制及测试，位点检出率和个体检出率均在 98%，基因组重复性在 99% 以上，最小等位基因频率集中在 0.3~0.5（占 50% 以上）。与主流商业化 770K 和 100K 两款芯片相比，它具有一致的位点连锁不平衡水平，统计并去除位点检出率低和多品种中检测呈现多态性的位点，整合已报道的肉牛功能性位点，升级优化芯片位点集合等特点。基于加权 G 矩阵 GBLUP 模型开发的自主化多品种基因组评估模型已初步完成，跨品种评估模拟数据的准确率达到 40%。

（五）主推品种高效扩繁

2023 年，华西牛、夏南牛等主推品种育种群扩充与制（繁）种供种能力不断提升。以国家肉牛核心育种场和核心种公牛站为主体，组建育种联合机制。优化利用“常规育种 + 现代生物技术育种”技术选种选配、超数排卵胚胎移植技术、活体采卵 – 体外受精（OPU–IVF）等技术进行扩繁，逐步提高主推肉牛品种核心群的遗传和性能水平。

四、种业机制模式推动肉牛高质量发展

（一）肉牛种业提质增效

1. 提升对肉牛地方品种的资源保护和开发力度

对我国肉牛地方品种开展有效保护，并对其特色经济性状进行开发和利用，如内蒙古开展蒙古牛遗传材料采集制作和基因挖掘鉴定，建立数字遗传资源库；四川省对第四届国家畜禽遗传资源委员会审定通过的空山牛划定了国家级保护区，建成了保种场。

2. 加强高效肉牛育种联合体系构建

开展全国性和区域性育种联合，探索建立肉牛生产性能高效智能表型测定技术体系，推动建立规模化、协同化、智能化的育种联合体系。由农业农村部牵头组织，分别对我国肉牛地方品种、自主培育品种和引进主要品种开展生产性能表型测定。

3. 强化对肉牛新品种培育的政策支持

实施后补助奖励政策，如内蒙古对每个新培育的肉牛新品种（配套系）奖励 100 万元。围绕种业研发周期长的特点，制定长周期金融产品，优化金融支持政策，加大对肉牛育种企业的信贷支持力度。强化科技创新激励机制，调动创新积极性主动性，激发创新活力。

（二）构建“育繁推”一体化模式

各地方围绕肉牛“育繁推”一体化制定了相关的政策，并进行了探索实践，初步取得了一定成效。

1. 建立以龙头企业为主导的肉牛“育繁推”一体化体系

四川省巴中市引进了雅拉德荣农牧科技集团，开展海福特牛的引进和育种工作，通过“售母收犊”的方式，计划在 6~8 年将海福特能繁母牛扩至 15 万 ~20 万头。河南省泌阳县引进河南恒都食品有限公司实施的“一园、两线、两场、两基地、一中心”，形成了集科研开发、种源供应、种群扩繁、规模养殖、屠宰加工和商贸物流为一体的全链条产业集群。该公司入选了全国首批 50 个特色优势产业集群名单。

2. 加大“育繁推”一体化政策支持力度

云南省为支持肉牛产业发展，对每年新增肉牛存栏量为 3 万头以上、排名前三的县（市、区）给予 500 万元奖补，构建了云岭牛、西门塔尔牛、短角牛等肉牛品种的核心育种群，集中扩繁、杂交和推广三级繁育体系，每年改良肉牛 100 万头。

（三）找准我国肉牛种业发展突破口

1. 推进第三方品种登记和生产性能测定体系建设

建立种牛登记制度，开展肉用种牛亲子鉴定，实行肉用种牛第三方系谱认证，特别是将第三方系谱认证作为种公牛的准入条件。加快完善以场内测定为主，场内测定和生产性能测定中心测定相结合的性能测定体系，在全国建成若干个区域性的肉牛生产性能测定中心，打造和规范高效的生产性能测定平台。组建具有专业水平的联合测定队伍，切实提升生产性能测定能力，不断提高数据质量，实现全国统一联合开展生产性能测定、体型外貌评定等关键性、基础性的育种工作，逐渐建立第三方测定平台。新疆财政安排畜禽遗传资源保护项目资金425万元，用于开展自治区级畜禽遗传资源保种场（保护区）品种登记、性能测定等资源保护工作。2023年国家肉牛生产性能测定中心落地锡林郭勒盟乌拉盖管理区。

2. 加强肉牛种业与产业结合

强化遗传资源保护与开发。加强遗传资源的收集、保存和评价工作。建立种质资源库，为育种创新提供基础支撑。同时，加大国内外优质肉牛品种资源引进力度，并对其进行杂交改良和选育提高。

构建完整的产业链条。通过政府引导和市场机制相结合，推动肉牛种业与饲料生产、屠宰加工、肉制品深加工等环节的融合发展。鼓励企业之间建立紧密的合作关系，形成产业链上、下游的协同发展。海南省以雷琼牛为基础，逐渐形成以“定安仙沟牛肉”“琼中小黄牛”为代表的鲜牛肉品牌，同时，开发出锦山牛肉干、瑞溪牛肉干等牛肉干产品。陕西秦宝牧业股份有限公司开发了秦宝鲜冻、原切、调理、涮烤和酱卤五大系列30余种牛肉产品。

第四章　肉牛种业企业扶优

一、阵型企业不断壮大，提质增效显著

为落实全国种业企业扶优工作推进会精神，深入实施种业企业扶优行动，支持重点优势企业做强做大、做优，农业农村部组织开展了国家种业阵型企业遴选工作，加快构建“破难题、补短板、强优势”企业阵型。根据企业创新能力、资产实力、市场规模、发展潜力等情况，6 家肉牛种业企业入选“补短板阵型”，1 家企业入选“技术支撑”企业。近两年，阵型企业在肉牛种业发展中发挥了引领作用，提质、扩能、增效取得显著进展（表 3–2）。

表 3–2　2021—2023 年国家肉牛种业阵型企业情况

万元

序号	省（区、市）	企业名称	2021 年固定资产	2023 年固定资产	研发投入	专利及获奖	供种能力	企业扶优
1	内蒙古	呼伦贝尔农垦谢尔塔拉农牧场有限公司	10 447	14 156	3 311.16	无	平均单产 6.5 吨，采精种公牛 60 头，胚胎 300 枚生产冷冻精液 14 万剂	958.70
2	吉林	吉林省德信生物工程有限公司	8 600	24 020	560.20	专利 15 项，获奖证书 20 件	在群公牛 320 头，采精种公牛 210 头，生产冷冻精液达 500 万剂以上	1 560
3		长春新牧科技有限公司	603	2 227	649	发明专利 17 项	公牛：65 头；母牛：201 头	510
4		延边畜牧开发集团有限公司	9 803	11 057	265	专利 4 项。获奖 2 件	生产冷冻精液 120 万剂，培育种牛 50 头	260
5	河南	河南省鼎元种牛育种有限公司	5 392.20	2 918.90	644.50	获得奖项 6 个	采精种公牛 176 头，生产冷冻精液 535.74 万剂，生产胚胎 1 881 枚，培育种牛 188 头	无
6	新疆	新疆呼图壁种牛场有限公司	75 000	90 100	300	专利 2 项	每年可生产胚胎 300 枚，培育后备种公牛 40 头	无

二、进一步加大种业企业扶持力度

为推进肉牛产业发展，全国 13 个省出台了相关扶持政策和措施（表 3–3），将肉牛产业列为乡村产业振兴的重点产业。其中内蒙古、吉林和安徽将肉牛产业作为支柱产业进行扶持：内蒙古对每家新认定的核心育种场补贴 100 万元；吉林对每家核心育种场每年补贴 20 万元，种公牛站每年补贴 100 万元；安徽对每家新认定的国家肉牛核心育种场给予一次性奖补 200 万元，对每个新建的国家种公牛站给予一次性奖补 300 万元。

表 3–3　13 个省肉牛产业的政策文件与相关措施

序号	省（区、市）	政策文件	相关措施
1	贵州	黔东南州肉牛产业“六方合作”工作推进方案（黔东南府办函〔2023〕2 号）	坚持“政府推动、部门服务、龙头带动、养殖主体、保险赋能、银行放贷”的原则，促进肉牛养殖扩群增量，推动肉牛产业高质量发展
2	云南	云南省设施农业现代化三年行动方案（2023—2025 年）（云农绿〔2023〕11 号）	提升育种推广能力，支持云岭牛核心育种场改造提升
3	内蒙古	内蒙古自治区人民政府办公厅关于支持种业振兴政策措施的通知（内政办发〔2023〕68 号）	支持认定的国家和自治区级保种场（区）开展遗传材料采集制作和基因挖掘鉴定，开展肉牛育种联合攻关和“揭榜挂帅”
4	广西	关于印发 2023 年牛品种改良工作指导意见的通知（桂农厅办发〔2023〕28 号）	引导规模牛场采用优质冻精开展母牛人工授精；加强杂交改良效果跟踪，强化配种登记，对杂交改良后代进行精准跟踪，切实提高杂交改良效果，提高良种率
5	辽宁	关于印发辽宁省畜禽遗传改良计划（2021 — 2035 年）的通知（辽农农〔2023〕22 号）	扩大肉牛育种核心群规模，增强种公牛自主培育能力；以辽育白牛为重点，规范良种登记，做好种公牛遗传评估；建立健全“产学研”深度融合的肉牛育种技术支撑体系
6	安徽	关于实施“秸秆变肉”暨肉牛振兴计划的意见（皖政办〔2023〕11 号）	鼓励支持科研院所与省内相关企业开展“产学研”合作，组织实施攻关项目，对关键共性技术开展攻关
7	江西	关于加快推进种业基地现代化建设的实施意见（赣农办种〔2022〕11 号）	创设种业基地建设用地、用水、用电以及金融、保险、物流等支持政策；组织实施好现代种业提升工程、种畜禽生产性能测定等项目
8	山东	关于加强种业企业扶持培育的指导意见（鲁农委办发〔2023〕32 号）	支持国家级和省级畜禽核心育种场等优势种业企业，联合高校、科研院所等开展育种攻关；加快现代育种技术研发与应用，突破生物育种等“卡脖子”关键技术，选育一批具有自主知识产权的突破性新品种和进口替代型品种
9	甘肃	关于印发 2023 年甘味平凉红牛产业集群续建项目实施方案的通知（甘农财发〔2023〕65 号）	支持肉牛良种繁育体系、标准化养殖基地建设，市场流通体系建设等

续表 3-3

序号	省（区、市）	政策文件	相关措施
10	河北	金融助力畜牧业高质量发展工作实施方案（冀农发〔2022〕164 号）	支持国家阵型企业、国家畜禽核心育种场、良种扩繁基地、保种场以及省级以上畜禽保种场、原种场、种公牛站等育繁种基地建设，放宽信贷政策和条件
11	吉林	吉林省肉牛产业发展规划（吉政办发〔2023〕6 号）	启动省肉牛种业创新中心和延边黄牛种业创新中心，构建吉林省肉牛大数据选种选配研发中心
12	黑龙江	2023 年黑龙江省肉牛优质冻精补助项目实施方案（黑农厅联发〔2023〕234 号）	鼓励肉牛规模养殖场使用优质肉牛冻精，支持肉牛良种繁育体系建设，加快肉牛群体改良，增加优质肉牛存栏，提高肉牛生产水平

三、国家级和省级种业产业园加快肉牛产业发展

国家级肉牛种业产业园主要集中在黑龙江、吉林、内蒙古等肉牛养殖大省（区）。2023 年，四川省宣汉县创建省五星级肉牛现代农业园区，成功认定国家农村产业融合发展示范园；宁夏泾源县实施“出户入园”政策，破解肉牛产业发展难题；吉林省榆树市投资 8.5 亿元建设高端肉牛良种三产融合产业园区，增加饲养规模，加快肉牛产业发展。

国家级和省级产业园的建设有力地推动了肉牛种业集约化和规模化的发展，提高了肉牛养殖数量和产品品质。2023 年，创建了 2 个国家级肉牛产业园，分别是内蒙古杭锦后旗现代农业产业园和宁夏西吉县现代农业产业园，目前国家级肉牛产业园共有 14 个，带动了当地经济发展，提高了农民收入，形成了产业集群效应，促进了农业现代化进程。

第五章　肉牛种业基地提升

一、种牛场数量稳步增加

2023 年种肉牛场 292 家，同比增加 10 家；存栏种肉牛为 32.3 万头，同比减少 5.5 万头；存栏能繁母牛为 16.6 万头，同比减少 3.6 万头；年提供种肉牛 4.0 万头，与 2022 年持平；生产胚胎 3.7 万枚，同比增加 1.7 万枚。2023 年种水牛场 12 家，同比增加 1 家；存栏量 3 197 头，同比增加 86 头；2023 年种牦牛场 38 家，同比减少 2 家；存栏量 6.4 万头，同比减少 8.1 万头；2023 年种公牛站 47 家，同比增加 6 家，共存栏肉用种公牛（含乳肉兼用牛）6 880 头，其中采精公牛 2 705 头；国家核心育种场 48 家，28 个肉牛品种核心群存栏量 1.84 万头。

（一）国家级核心育种场数量稳步增加

2023 年新增 5 家国家肉牛核心育种场。截至 2023 年年底，共有国家肉牛核心育种场 48 家，登记品种包括西门塔尔牛、安格斯牛等 28 个，合计存栏量为 1.84 万余头。各省（区、市）肉牛核心群及肉牛核心育种场牛只存栏情况见表 3-4、图 3-9 和图 3-10。

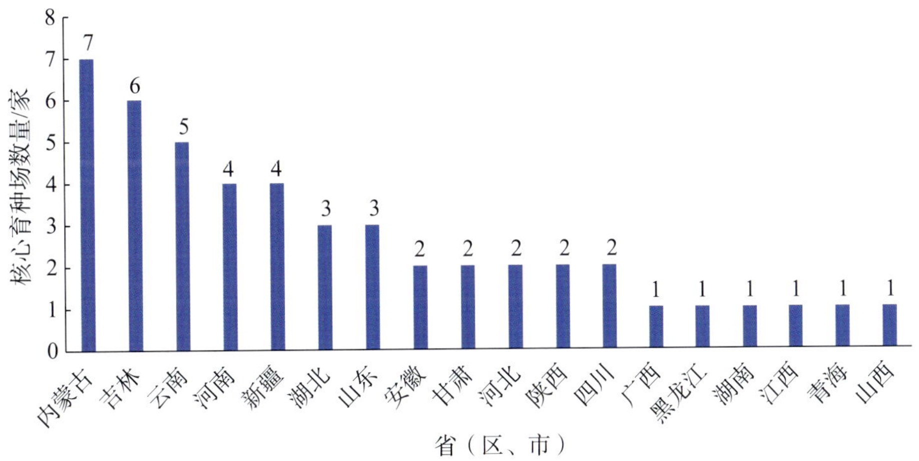

图 3-9　2023 年各省（区、市）核心育种场数量

表 3-4　2014—2023 年各核心育种场牛只存栏量

头

遴选年份	序号	单位名称	申报品种	犊牛	育成母牛	成年母牛	在场牛只	省（区、市）
2014	1	张北华田牧业科技有限公司	德系西门塔尔牛	32	49	612	693	河北
	2	河南省鼎元种牛育种有限公司（核心育种场）	西门塔尔牛	15	37	145	197	河南
	3	延边东盛黄牛资源保种有限公司	延边牛	5	71	222	298	吉林
	4	长春新牧科技有限公司（核心育种场）	西门塔尔牛	0	79	357	436	吉林
	5	海拉尔农牧场管理局谢尔塔拉农牧场	三河牛	0	54	404	458	内蒙古
	6	青海省大通种牛场	大通牦牛	24	54	1 078	1 156	青海
	7	四川省阳平种牛场	德系西门塔尔牛	45	71	227	343	四川
	8	云南省种畜繁育推广中心（核心育种场）	西门塔尔牛	4	10	38	52	云南
	9	云南省种羊繁育推广中心	短角牛	0	72	142	214	云南
	10	腾冲市巴福乐槟榔江水牛良种繁育有限公司	槟榔江水牛	67	64	303	434	云南
2015	11	广西水牛研究所水牛种畜场	尼里－拉菲水牛、摩拉水牛	8	59	516	583	广西
	12	河北天和肉牛养殖有限公司	西门塔尔牛	0	43	256	299	河北
	13	南阳市黄牛良种繁育场	南阳牛	16	52	179	247	河南
	14	延边畜牧开发集团有限公司	延黄牛	20	71	432	523	吉林
	15	高安市裕丰农牧有限公司	锦江牛	0	0	90	90	江西
	16	通辽市高林屯种畜场	德系西门塔尔牛、西门塔尔牛	0	2	190	192	内蒙古
	17	鄄城鸿翔牧业有限公司	鲁西牛	12	36	216	264	山东
	18	陕西省秦川肉牛良种繁育中心	秦川牛	0	0	147	147	陕西
	19	云南谷多农牧业有限公司	文山牛	22	101	909	1 032	云南
2017	20	龙江元盛食品有限公司雪牛分公司	和牛	120	211	815	1 146	黑龙江
	21	湖南天华实业有限公司	安格斯牛	43	86	291	420	湖南
	22	山东无棣华兴渤海黑牛种业股份有限公司	渤海黑牛	10	48	200	258	山东
	23	运城市国家级晋南牛遗传资源基因保护中心	晋南牛	3	15	234	252	山西
	24	伊犁新褐种牛养殖有限公司	新疆褐牛	64	83	363	510	新疆
	25	新疆呼图壁种牛场有限公司	中国西门塔尔牛	10	53	211	274	新疆
	26	云南省草地动物科学研究院	云岭牛	0	124	659	783	云南

续表 3-4　　头

遴选年份	序号	单位名称	申报品种	犊牛	育成母牛	成年母牛	在场牛只	省（区、市）
2018	27	甘肃农垦饮马牧业有限责任公司	安格斯牛	0	54	622	676	甘肃
	28	沙洋县汉江牛业发展有限公司	西门塔尔牛	26	123	252	401	湖北
	29	吉林省德信生物工程有限公司（核心育种场）	西门塔尔牛	6	15	185	206	吉林
	30	内蒙古奥科斯牧业有限公司	西门塔尔牛	0	50	171	221	内蒙古
	31	内蒙古科尔沁肉牛种业股份有限公司	西门塔尔牛	11	86	386	483	内蒙古
	32	新疆汗庭牧元养殖科技有限责任公司	安格斯牛	2	49	283	334	新疆
2019	33	凤阳县大明农牧科技发展有限公司	皖东牛	6	25	154	185	安徽
	34	太湖县久鸿农业综合开发有限责任公司	大别山牛	28	52	460	540	安徽
	35	甘肃共裕高新农牧科技开发有限公司	西门塔尔牛	9	39	191	239	甘肃
	36	平顶山市犇牛畜禽良种繁育有限公司	郏县红牛	5	23	122	150	河南
	37	泌阳县夏南牛科技开发有限公司	夏南牛	0	22	143	165	河南
	38	四川省龙日种畜场	麦洼牦牛	0	99	323	422	四川
2022	39	湖北庚源惠科技有限责任公司	夏洛莱牛	20	42	218	280	湖北
	40	湖北省华西牛育种科技有限公司	华西牛	31	96	295	422	湖北
	41	内蒙古中农兴安种牛科技有限公司纯种牛繁育分公司	西门塔尔牛	0	16	210	226	内蒙古
	42	内蒙古色也勒钦畜牧业科技服务有限公司	华西牛	0	103	163	266	内蒙古
	43	山东科龙畜牧产业有限公司	鲁西牛	0	14	133	147	山东
2023	44	吉林省奥金斯农牧科技发展有限公司	华西牛	0	16	329	345	吉林
	45	吉林省成恩牧业发展有限公司	安格斯牛	0	73	321	394	吉林
	46	苏尼特左旗查干哈达畜牧业专业合作社	华西牛	0	3	207	210	内蒙古
	47	杨凌秦宝牛业有限公司	安格斯牛	0	145	379	524	陕西
	48	伊犁创锦犇牛牧业有限公司	华西牛	28	39	218	285	新疆

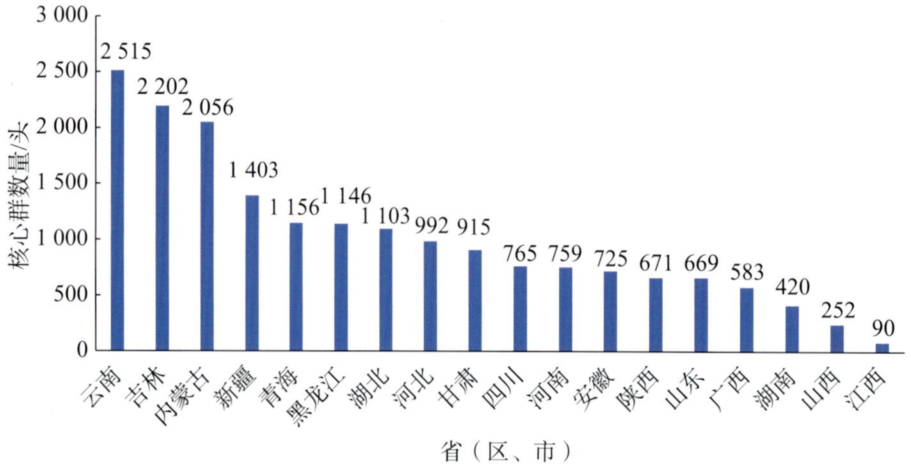

图 3-10　2023 年各省（区、市）国家肉牛核心育种场核心群数量

（二）种公牛站集中度进一步提高

1. 国家核心种公牛站存栏种公牛情况

为贯彻落实中央种业振兴决策部署，根据《全国肉牛遗传改良计划（2021—2035 年）》，农业农村部组织全国畜禽遗传改良计划领导小组办公室和专家委员会，开展 2023 年国家核心种公畜站的遴选、核验和变更审核等工作，最终 5 家企业通过审核（表 3-5），获得国家核心种公牛站的资格。

2. 种公牛站存栏种公牛情况

截至 2023 年，全国共有 47 家种公牛站（包括国家核心种公牛站）生产和销售肉牛冷冻精液，共存栏肉用种公牛（含乳肉兼用牛）4 414 头，其中采精种公牛 2 705 头。各省（区、市）种公牛存栏量如图 3-11 所示，内蒙古种公牛存栏量最多，其次是吉林。5 家国家核心种公牛站存栏采精种公牛 552 头，占比为 20% 以上。

表 3-5　2023 年的 5 家国家核心种公牛站

序号	单位名称	地区
1	吉林省德信生物工程有限公司	吉林
2	河南省鼎元种牛育种有限公司	河南
3	长春新牧科技有限公司	吉林
4	北京首农畜牧发展有限公司奶牛中心（延庆种公牛站）	北京
5	山东奥克斯畜牧种业有限公司	山东

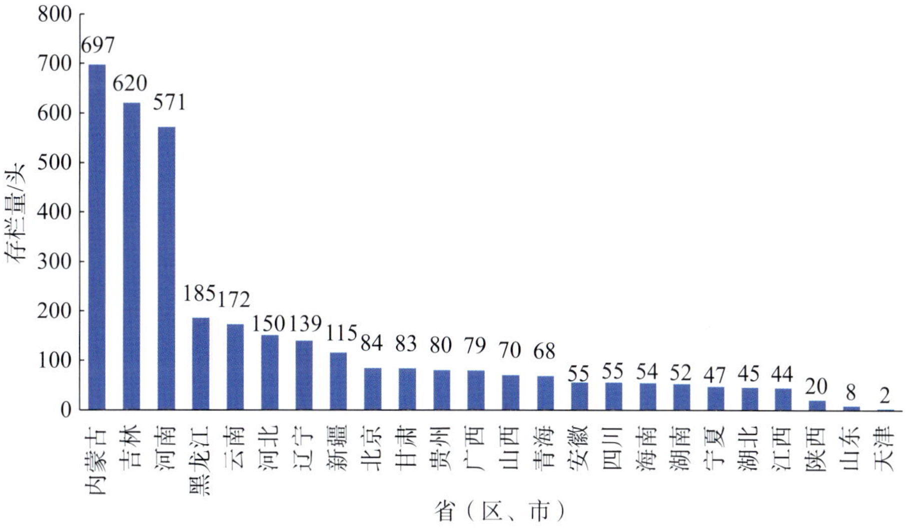

图 3-11　2023 年各省（区、市）种公牛存栏量

二、优良品种推广力度不断加大

目前，我国有国家肉牛核心育种场 48 家、肉牛种公牛站 47 家。2023 年，全国种公牛站存栏肉用采精种公牛共计 3 650 头，生产肉牛冻精 5 494.11 万剂，销售冻精 3 944.20 万剂（表 3–6）。

10 个引进品种共推广冷冻精液 3 511.88 万剂，占全年冻精销量的 89.0%，其中肉用西门塔尔牛和兼用西门塔尔牛是主要的推广品种，2023 年的冻精推广销量分别为 2 557.62 万剂和 666.40 万剂。2023 年，西门塔尔牛、安格斯牛、利木赞牛等主要的引进品种存栏量接近 2.10 万头，生产优良种牛 0.10 万余头。

11 个培育品种共推广冻精 401.38 万剂，其中云岭牛、辽育白牛、新疆褐牛、延黄牛、华西牛和大通牦牛为主要推广品种。2023 年存栏量接近 3.60 万余头，年推广冻精 394.49 万余剂，其中华西牛冻精推广 302.69 万剂。2023 年 7 月，在第四届全国种公牛拍卖会上，华西牛拍卖金额达 725 万元（占总拍卖金额的 38%）。

11 个地方品种共推广冻精 31.25 万剂，其中牦牛品种推广冻精 1.00 万剂、水牛品种推广冻精 20.92 万剂和本地黄牛推广冻精 15.60 万剂。其中延边牛、秦川牛、南阳牛和锦江牛等我国主要的黄牛品种存栏量超 0.25 万头，年推广冻精 0.43 万剂。

表 3-6　2021—2023 年全国种公牛站冻精生产及销售情况

万剂

来源	品种	2021 年		2022 年		2023 年	
		产量	销量	产量	销量	产量	销量
引进品种	肉用西门塔尔牛	2 267.97	1 940.00	3 103.66	2 521.42	3 719.61	2 557.62
	兼用西门塔尔牛	1 262.85	1 042.00	795.31	670.21	842.16	666.40
	夏洛莱牛	97.28	78.70	78.87	83.20	73.35	56.99
	利木赞牛	110.37	78.69	112.62	99.78	91.38	121.44
	安格斯牛	73.83	82.17	64.51	45.99	63.17	52.97
	和牛	35.58	4.33	59.69	42.29	80.98	44.39
	皮埃蒙特牛	11.70	5.24	12.80	2.82	8.36	5.74
	短角牛	9.42	3.00	7.76	1.40	4.39	0.30
	德国黄牛	6.70	5.83	4.00	3.66	1.52	1.41
	金黄阿奎登牛 / 比利时蓝牛	20.00	6.52	25.00	5.19	11.76	2.46
	海福特牛	5.68	1.89	12.97	2.50	9.71	2.16
地方品种	水牛	36.36	28.49	28.30	17.12	16.47	20.92
	锦江牛	6.03	5.55	5.82	3.73	0.00	0.00
	秦川牛	0.10	0.00	0.40	0.21	0.35	0.13
	牦牛	2.13	0.00	3.45	0.00	2.05	1.00
	郏县红牛	5.69	4.92	0.95	0.28	0.00	0.00
	南阳牛	2.50	1.80	3.00	1.00	2.37	0.30
	皖东牛 / 皖南牛 / 大别山牛	0.00	0.00	3.30	0.00	3.30	0.00
	延边牛	25.00	18.00	17.00	15.00	13.00	5.00
	关岭牛	6.40	2.60	2.60	1.60	3.90	3.90
	巫陵牛	6.00	2.20	2.80	1.90	0.50	0.00
	柴达木牛	0.00	0.00	0.00	0.00	0.00	0.00
培育品种	辽育白牛	8.60	14.70	11.00	8.20	11.20	6.27
	延黄牛	18.00	14.00	12.50	10.00	10.00	5.00
	新疆褐牛	22.67	17.78	36.15	37.47	68.59	76.33
	内蒙古三河牛	5.90	2.80	6.30	4.60	4.00	4.70
	蜀宣花牛	5.00	4.80	1.20	0.00	1.00	0.00
	夏南牛	4.63	2.44	6.22	2.13	0.74	1.18
	云岭牛	0.32	0.29	12.50	8.00	0.00	0.00
	草原红牛	—	—	1.83	0.00	0.00	0.31
	华西牛	—	—	—	—	444.85	302.69
	大通牦牛	2.50	1.50	1.87	1.50	4.20	4.20
	阿什旦牦牛	0.80	0.60	1.00	0.50	1.20	0.70
合计		4 060.01	3 370.84	4 435.38	3 591.7	5 494.11	3 944.20

三、肉牛种业基地平台建设情况

（一）国家及部级种业科技创新平台

为打破我国缺乏肉牛育种数据库和遗传评估技术体系的现状，国家肉牛遗传评估中心开发了集数据收集与整理、遗传评估、报告展示与分析三大功能为一体的全国性肉牛遗传评估管理系统，逐步建立国家肉牛育种数据库，2023年获批成为国家种畜禽遗传评估中心下设的11个遗传评估专业中心之一。目前共收集全国32个肉牛品种的100余万条数据，并组织开展全国47家种公牛站、48家核心育种场及60余家育种企业的遗传评估，每年发布《中国肉用及乳肉兼用种公牛遗传评估概要》，为全国肉牛遗传改良提供科学依据，为政府决策提供重要的技术支撑。

草食家畜育种全国重点实验室（培育）围绕“家畜生物育种大平台”，加强家畜表型精准测定、与基因型关联研究和家畜生物育种核心关键技术的开发，开发一系列与家畜生物育种配套的人工智能和大数据分析工具，着力建立我国自主知识产权的表型组数据库资源，提升支撑服务国家战略能力，提高人才培养质量。重点实验室聚焦草食家畜种业国际科学前沿，围绕草食家畜遗传资源保护与精准鉴定、智能表型组解析、基因组设计育种、新品种培育与良繁等领域研究，推动草食家畜品种实现更新换代，将实验室建设为家畜育种领域国际化的一流研究平台。

涉及牛育种方面的国家和部级基地平台包括：国家肉牛改良中心（西北农林科技大学，2007年建立）；国家肉牛遗传评估中心（中国农业科学院北京畜牧兽医研究所，2012年建立）；现代牛业生物技术与应用国家地方联合工程研究中心（西北农林科技大学，2014年建立）；畜禽育种国家工程实验室（中国农业大学，2008年建立）；畜禽育种国家重点实验室（广东省农业科学院畜牧研究所，2010年建立）；畜禽生物育种全国重点实验室（中国农业大学、中国农业科学院北京畜牧兽医研究所，2023年建立）；农业农村部畜禽资源（牛）评价利用重点实验室（中国农业科学院北京畜牧兽医研究所、西北农林科技大学、广西壮族自治区水牛研究所，2022年建立）；农业农村部畜禽生物组学重点实验室（山东省农业科学院畜牧兽医研究所、中国农业科学院农业基因组研究所、四川农业大学，2022年建立）；农业农村部青藏高原畜禽遗传育种重点实验室（中国农业科学院兰州畜牧与兽药研究所、西藏自治区农牧科学院畜牧兽医研究所、青海省畜牧兽医科学院，2022年建立）和农业农村部地方牛羊种质资源创新利用重点实验室（郑州大学，2022年建立）等。

（二）省级种质资源库和科技创新支撑平台建设

2021—2023年，农业农村部投资6 300余万元在吉林省建设农业农村部肉牛遗传育种重点实验室、吉林省肉牛性能测定站和东北地区畜禽遗传资源基因库，建设国际领先的肉牛呼吸代谢测定舍和饲料转化率测定舍各1栋，全程监测肉牛的增重、饲料转化率以及代谢性能等情况，为肉牛精准饲养、选育高饲料利用率群体提供了重要支撑。购置50余台（套）流式细胞仪等高尖端仪器设备，全面开展肉牛遗传资源保护与开发利用，深入探索肉牛生长、脂肪代谢等机理。吉林省人民政府投入专项经费1 000万元，批准吉林省农业科学院依托国家级平台，建成“吉林省肉牛种业创新中心”。该中心成为集科技研发、成果转化、人才培养和技术服务于一体的综合性开放平台，有效支撑了吉林省“秸秆变肉”暨千万头肉牛建设工程的实施。

四川省在成都邛崃市建设了省级种质资源中心库，该资源库于2023年9月揭牌，预计于2024年年底建成投用。四川省种质资源中心库将涵盖农、林、牧、渔、草，可保存农作物种质资源52.4万份、畜禽遗传资源105万份，水产遗传资源26万份，保存期可长达50年。

（三）新型肉牛创新中心建设与产业化推进

1. 吉林省延边黄牛种业创新中心

2023年，延边大学筹建“吉林省延边黄牛种业创新中心”。该中心依托延边大学“东北寒区肉牛科技创新教育部工程研究中心”“科技部、教育部中国延边黄牛种质资源开发利用学科创新引智基地”和“农业农村部延边特色高品质牛肉精深加工创新重点实验室”等省部级科研平台，组建“种业创新中心”，以产业发展需求为导向，开展延边黄牛种业科技创新和关键技术攻关，解决产业发展“卡点”问题，开发一批产品，转化一批实用性科研成果，积极推进一二三产业融合，着力打造国内领先、国际先进的延边黄牛种业科技创新和成果转化平台，为推动吉林省“秸秆变肉”暨千万头肉牛建设工程“上规模、上水平”提供科技支撑。

2. 湖北省良种肉牛科技企校联合创新中心

2023年，湖北省粮油进出口集团与武汉轻工大学、武汉市农业科学院共同建立湖北省良种肉牛科技企校联合创新中心。该中心聚焦良种繁育与示范推广，针对湖北肉牛产业对科技创新和现代养殖的重大需求，通过加快优良品种选育、推进“产学研”结合等一系列手段，与武汉轻工大学、武汉市农业科学院形成长期的“产学研”战略合作关系，围绕“保供给、优生态、强安全、促发展”的总思路，坚定“全链条、高质量、绿色化、数字化、多元化”的总目标，加快肉牛产业科技创新与成果转化，在牛群养殖智能化、喂养营养学、良种繁育等技术上定向发力，全面提升湖北省农业品种培优、品质提升、品牌打造和标准化生产，为打造生产科学高效、产品供给安全、产业绿色生态的湖北肉牛产业高质量发展新格局提供科技支撑。

3. 陕西省畜禽育种共性技术研发平台

2023年1月，陕西省科学技术厅批准组建陕西省畜禽育种共性技术研发平台，依托单位为杨凌畜牧产业创新中心、西北农林科技大学。该平台集聚动物种业科研力量和创新资源，重点开展畜禽基因组选择育种、智慧育种等共性关键技术的研发与共享，科技创新型种业企业的孵化和培育等工作。该平台下设基因组选择育种技术平台、畜禽育种智能服务平台、技术转化服务平台和企业孵化平台，具有完备的科研设备设施，有效保障了畜禽种业科技创新项目的顺利实施与科研成果的转化，为陕西省畜禽种业创新提供支撑。

四、现代种业提升工程投资力度不断提升

2021—2023 年，现代种业提升工程共支持 21 个肉牛种业建设项目，总投资 3.8 亿元，其中中央财政投资 2.5 亿元，带动其他投资 1.3 亿元，涵盖育种创新能力提升、资源保护利用、良种繁育和品种测试评价 4 个板块。

（一）肉牛育种创新能力提升方面

在肉牛育种创新能力提升方面，支持建设 5 个项目，投资 1.35 亿元，带动社会资本投入 8 100 万元，涵盖辽宁沈阳市肉牛、河南黄泛区肉牛、湖北华西牛、云南云岭牛和甘肃平凉肉牛等品种。

（二）肉牛资源保护和利用方面

在肉牛资源保护和利用方面，支持建设 10 个项目，投资 1.47 亿元，涵盖内蒙古、安徽、河南、云南等传统肉牛养殖优势区，对安徽大别山黄牛、云南槟榔江水牛和河南郏县红牛等遗传资源进行了有效保护。

（三）肉牛良种繁育方面

在肉牛良种繁育方面，支持建设 1 个项目，即吉林省德信生物工程有限公司的种公牛站改扩建项目，投资 1 214 万元，提升了优秀种公牛遗传资源供种能力。

（四）品种测试评价方面

在品种测试评价方面，支持建设 5 个项目，投资 8 680 万元，聚焦肉牛生产性能、品种性能的测定评价，为我国肉牛品种测试评价奠定了基础。

第六章　肉牛种业质量监管

一、种牛质量监督检验促进肉牛种业健康发展

（一）冷冻精液质量监督检验合格率稳步提升

2023年共抽检568头种公牛冷冻精液，其中抽检495头国产种公牛冷冻精液，符合《牛冷冻精液》(GB 4143—2022)，合格率为98%；抽检73头进口种公牛冷冻精液，合格率为89%。四川省对种公牛站的牛冷冻精液进行了质量抽检，涉及20头种公牛，每头抽检25剂，总计500剂，合格率为95%。贵州省完成了2023年省级种畜禽质量安全监督检验，抽检了10头牛的冷冻精液，合格率为91.4%，同比提升8.3个百分点。湖北武汉兴牧生物科技有限公司严格按照《牛冷冻精液》（GB 4143—2022）生产冷冻精液，并制定了高于国家标准的企业标准，冷冻精液产品连续5年经全国畜牧总站抽检均合格。

（二）疫病净化场数量显著增加

2023年，经养殖场自愿申请、省级评估推荐、部级专家评审，确定31个省（区、市）的119家养殖场为第三批国家级动物疫病净化场，其中牛布鲁氏菌病净化场22家、牛结核病净化场19家，具体情况见表3-7。

表3-7　2023年国家级牛疫病净化场

家

省（区、市）及生产建设兵团	牛布鲁氏菌病净化场数量	牛结核病净化场数量
天津	2	1
河北	2	2
山西	1	0
内蒙古	1	1
辽宁	1	0

续表 3-7　　家

省（区、市）及生产建设兵团	牛布鲁氏菌病净化场数量	牛结核病净化场数量
吉林	1	1
上海	1	1
江苏	1	0
福建	1	1
山东	1	0
河南	1	0
湖北	2	0
广东	1	1
广西	3	3
四川	1	0
西藏	1	1
青海	0	1
宁夏	0	3
新疆	0	3
新疆生产建设兵团	1	0

二、肉牛种业标准体系不断健全

标准是规范市场经济客体的“法律”，对保障我国肉牛种业和产业发展具有重要意义。在目前经济全球化和国际竞争日益激烈的背景下，标准竞争已经成为国家战略的一部分，具有重要的战略地位。我国目前有肉牛国家标准 10 个、行业标准 96 个，2023 年新增行业标准 2 个、地方标准 7 个。

（一）国家及行业标准体系构建情况

2023 年 6 月，发布《肉用青年种公牛后裔测定技术规范》（NY/T 4308—2023），在内蒙古通辽市宣贯培训《后裔测定技术要点及组织实施》，该标准为肉牛后裔测定的实施提供了技术支撑。目前正在编制《肉牛体型线性鉴定技术规范》，该标准利用线性鉴定方法进行种牛评定，鉴定的主要性状可用于肉牛遗传评估，提高选种效率。

（二）地方标准体系构建情况

我国肉牛地方标准共有 149 个，其中 2023 年发布 7 个肉牛地方标准，新增标准主要涵盖肉牛繁育和育种场建设及管理、生物安全防控等方面。在新增的 7 个地方标准中，吉林省有 4 个，分别是《肉牛繁育服务站点建设规范》（DB 22/T 3616—2023）、《规模化肉牛场粪污无害化处理设施建设规范》（DB 22/T 3518—2023）、《肉牛家庭牧场建设规范》（DB 22/T 3486—2023）和《市级肉牛核心育种场建设与管理规范》（DB 2201/T 56—2023）；内蒙古有 1 个，为《科尔沁肉牛精料补充料质量要求》（DB 1505/T 14—2023）；河南省有 1 个，为《规模肉牛场生物安全防控技术规范》（DB 4114/T 218—2023）。

第七章　肉牛种业国际合作

一、进口优秀种牛遗传物质

（一）活体和种牛进口数量持续下降

据中国海关的数据，2023 年我国共进口活体牛 3.90 万头，同比减少 67.40%；进口额为 0.96 亿美元，同比减少 68.70%，平均价格为 2473.81 美元 / 头，同比下降 4.10%（图 3–12）。据统计，2023 年我国累计审批进口活体种牛 3.59 万头，其中 0.0194 万头肉牛，包括 0.0132 万头西门塔尔牛、0.005 万头安格斯牛及 0.0012 万头和牛。

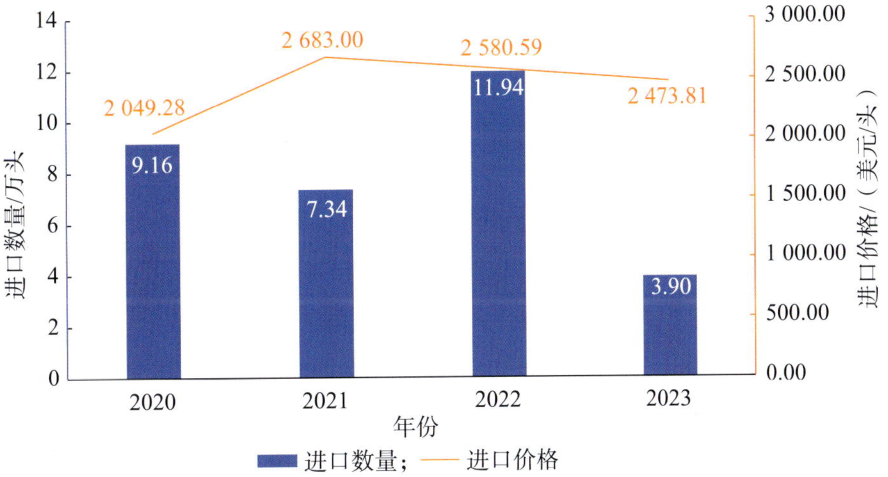

图 3–12　2020—2023 年活体牛进口数量和进口价格

（二）遗传物质进口数量总体呈增长态势

2023 年，农业农村部审批进口牛冷冻精液 108.24 万剂，其中肉牛冷冻精液 5.76 万剂。进口西门塔尔牛冷冻精液 3.16 万剂，同比增长 40.0%，每剂 17.38 元；进口安格斯牛冷冻精液 2.60 万剂，同比下降 68.60%，每剂 32.63 元，具体情况见图 3–13。2023 年经审批进口的肉牛冷冻胚胎 524 枚，其中西门塔尔牛冷冻胚胎 70 枚，同比下降 83.10%；安格斯牛冷冻胚胎 335 枚，同比增长 9 倍多。

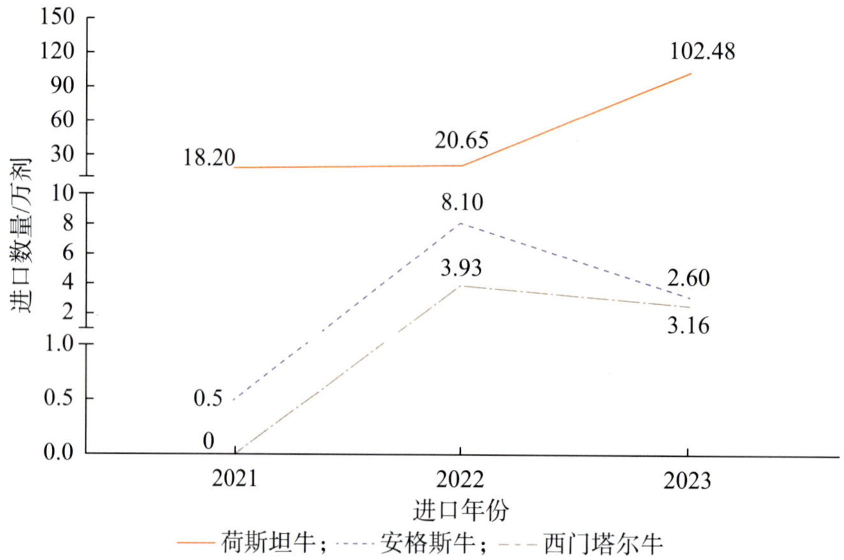

图 3-13　2021—2023 年我国种牛精液进口情况

二、国际合作与学术交流

（一）第六届中国肉牛选育改良与产业发展国际研讨会在陕西举办

2023 年 12 月，由西北农林科技大学和国家肉牛改良中心主办的“第六届中国肉牛选育改良与产业发展国际研讨会”在杨凌举办。该会议以“科技创新助力中国肉牛选育改良与产业高质量发展”为主题，来自中国、美国、加拿大、爱尔兰、韩国、西班牙、日本、巴基斯坦 8 个国家近 400 名专家学者和企业家代表齐聚，围绕肉牛遗传改良及种质创新、高效繁育及健康绿色养殖、优质牛肉生产与质量安全控制、贸易与市场营销、智慧牛业等议题方向进行了研讨。

（二）内蒙古种业企业赴国外引进优良种牛

2023 年 6 月，内蒙古赛科星家畜种业与繁育生物研究院赴新西兰、澳大利亚访问交流，考察当地肉牛育种企业，引进了一类系谱的 170 头西门塔尔种母牛，为将来组建西门塔尔牛核心育种场奠定了基础。内蒙古中农兴安种牛科技有限公司赴德国、比利时、美国等国家考察肉牛种业企业，开展合作交流，引进肉牛遗传资源，为我国肉牛终端杂交提供更好优质种源。

（三）吉林省农业科学院与乌拉圭进行学术交流

2023 年 11 月，应乌拉圭国家农业科学院邀请，由吉林省农业科学院赵玉民副院长带队，与另外两人赴乌拉圭进行学术交流与合作调研，实地考察了肉牛育种、生产、育肥、加工等情况，加强学术对话、探讨合作路径、促进发展共赢。

第八章　肉牛种业发展展望

一、持续推进肉牛遗传改良计划

继续实施全国肉牛遗传改良计划，进一步健全肉牛良种繁育体系，实施肉牛品种登记技术规程和肉牛良种登记技术规程，扩大肉牛高质量育种核心群规模，增强种公牛自主培育能力，提高肉牛核心种源自给率。完善相关核心育种场的管理办法和监管机制，进一步明确各省区及主要产区的遗传改良计划及实施方案，从而形成全国一盘棋的系统选育和科学改良。

二、深入实施肉牛育种联合攻关

在国家级肉牛育种联合攻关的引领下，加快省级新品种培育育种联合攻关的启动和实施，对有条件的分散种群开展育种联合攻关；对地方品种开展种间育种联合攻关，挖掘特色经济性状的关键候选基因，培育特色肉牛产业。条件较为成熟的安格斯牛联合选育、具有民族特色的五大地方黄牛及相关培育品种可优先启动。

三、推进肉牛新技术的研发和利用

加强性能测定，进一步扩大国家肉牛育种数据库，完善数据收集传输系统。开展多品种基因组选择平台建设，建立西门塔尔牛、安格斯牛、云岭牛、新疆褐牛、和牛及秦川牛等地方品种的混合参考群体，研究多品种基因组评估技术，自主开发评估系统，力争在“十四五”末能够应用该平台选择我国大部分肉牛品种的核心群，实施较高准确度的基因组育种。同时加快肉牛生物育种技术研发，健全并优化肉牛基因编辑技术体系，优化生物育种人才结构布局，抢占技术高地。

四、优化品种资源保护机制、加快产业化利用

完善我国具有重要保护价值地方品种的保护方案和选育提高方案，在保种的同时逐步提高其特色性状的遗传水平和整体生产水平。根据市场需求研制我国肉牛品种的育种规划，制定选择指数，加快遗传进展。在分子水平上，构建我国地方牛品种及引进品种的分子身份证；利用特异性分子标记对地方牛进行品种鉴定；建立精准鉴定与动态监测的牛种质资源数据库。

五、加强育种基础设施建设

建立品种性能测定站和世界肉牛种质资源库，完善育种场的性能测定设施，加快性能测定的信息化进程，大幅提高育种数据质量。建立我国肉牛主要品种及品种间杂交性能的测定中心，建设肉牛性能测定站，优先布局东北肉牛生产性能测定站，探索运营机制。在成功经验的基础上，开展北方、南方等区域测定站的建设，全面客观评价品种的性能和遗传水平，科学指导全国肉牛生产。

肉羊篇

第一章　发展概况

2023年，肉羊遗传资源挖掘与优质新品种培育成效显著，关键育种技术研发应用加快，群体规模持续扩大，核心群质量不断提升，肉羊种业稳步发展。

资源保护方面。全面完成了第三次普查，构建185个品种的表型特征库，鉴定新发现资源18个。实现国家级羊保护品种活体保护全覆盖。构建完成滩羊分子身份证，年检测滩羊19万余只。

创新攻关方面。肉羊育种联合攻关成功构建万级规模的基因组选择参考群，自主研发华羊芯基因组育种芯片，持续选育适于规模化舍饲的奥白肉羊新品种，羊育种技术创新攻关实现新突破，研发肉羊专门化育种芯片10余套，建立我国肉羊基因组选择育种技术体系。天华肉羊、双乾肉羊、华蒙肉羊、德新肉用美利奴羊4个新品种通过国家审定。

基地提升方面。种羊群体规模持续扩大，核心群质量不断提升。全国共有种羊场1 030个，种羊存栏量397.2万只，较2020年增长24%，全国生产种羊178.1万只、冷冻精液5.1万剂，较2020年分别上升21.7%和10.3%；新遴选国家羊核心场5家，国家羊核心育种场达50家，登记核心群种羊12.29万只，占全国种羊存栏量的3.1%。现代种业提升工程支持建设种羊项目4个，总投资约7 000万元。

市场净化方面。制定、修订《种羊及冷冻精液和胚胎进口技术要求》，全年发布种羊相关国家、行业和地方标准27项，为种羊场引种、选种、保种、生产、管理等环节提供了技术支撑。开展种羊质量抽查，种羊质量监管和市场净化工作进一步加强。

第二章　肉羊遗传资源保护和利用

一、摸清了羊遗传资源家底

第三次普查结果中，全国共有羊品种 185 个，涵盖了肉、绒、毛、乳、皮等主要生产用途，品种数量占全球总量的 8.9%，位居世界前五，是世界羊遗传资源类型最为多样的国家之一。其中，绵羊品种 101 个，占世界绵羊遗传资源的 7.3%，包括地方品种 55 个、培育品种 33 个、引入品种 13 个；山羊品种 84 个，占世界山羊遗传资源的 12.2%，包括地方品种 64 个、培育品种 14 个、引入品种 6 个。

相比第二次调查，第三次普查新增绵羊遗传资源 30 个、同比增加 42.3%，新增山羊遗传资源 15 个、同比增加 21.7%，新增地方绵羊、山羊品种数 13 个和 6 个，同比增加 30.2% 和 9.4%（图 4–1）。

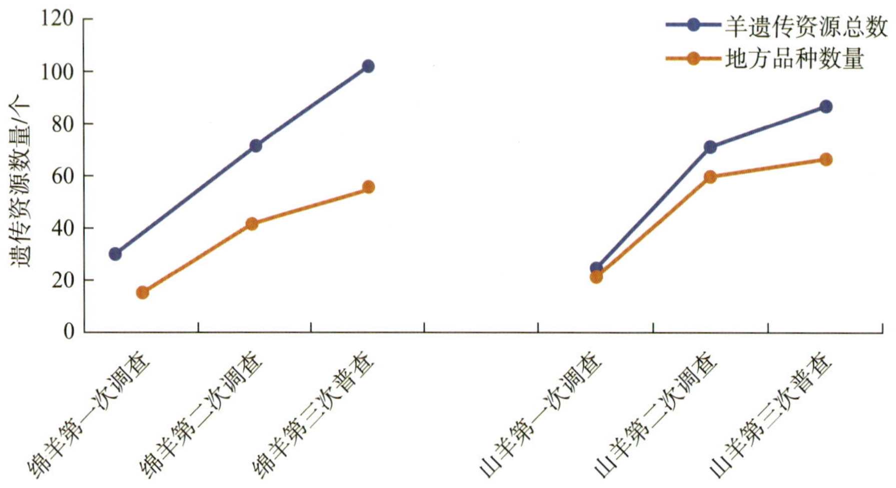

图 4-1　三次调查（普查）中羊遗传资源数量变化情况

二、鉴定了18个羊新发现遗传资源

发现鉴定羊新遗传资源18个。其中，2021年鉴定新发现遗传资源12个，分别是玛格绵羊、阿旺绵羊、泽库羊、凉山黑绵羊、勒通绵羊、色瓦绵羊、霍尔巴绵羊、多玛绵羊、苏格绵羊、岗巴绵羊、燕山绒山羊、南充黑山羊。2023年鉴定新发现遗传资源6个，分别为皮山红羊、洮羊、合川白山羊、皮山红羊、千秋山羊、洮藏黑山羊。

三、掌握了我国羊遗传资源濒危状况

第三次普查发现，岷县黑裘皮羊、兰州大尾羊和汉中绵羊濒危状况已好转。重新找回了第二次调查中已灭绝品种（临沧长毛山羊），对承德无角羊、马关无角山羊、临沧长毛山羊、泗水裘皮羊实施了抢救性收集保护。

四、构建了羊遗传资源保护体系

国家级保护体系。截至2023年年底，建立国家级保种场28家（表4–1）、国家级保护区4家，对24个国家级羊地方品种进行重点保护，实现了应保尽保。建立国家家畜基因库1个，保存绵羊品种冷冻精液11.3万剂、胚胎5 420枚、体细胞2 262份，保存山羊品种冷冻精液9.4万剂、胚胎7 717枚、体细胞1 795份。基本构建完成国家级羊遗传资源保护体系，实现国家级保护品种全覆盖。

表4–1　国家级羊遗传资源保种场名单

序号	名称	建设单位
1	国家太行山羊保种场	左权县新世纪农业科技有限责任公司
2	国家乌珠穆沁羊保种场	东乌珠穆沁旗赫希格畜牧业发展有限责任公司
3	国家苏尼特羊保种场	苏尼特右旗苏尼特羊良种科技有限责任公司
4	国家内蒙古绒山羊（二狼山型）保种场	巴彦淖尔市同和太种畜繁育中心
5	国家内蒙古绒山羊（阿尔巴斯型）保种场	内蒙古亿维白绒山羊有限责任公司
6	国家内蒙古绒山羊（阿拉善型）保种场	内蒙古阿拉善白绒山羊种羊场
7	国家辽宁绒山羊保种场	辽宁省辽宁绒山羊原种场有限公司

续表 4-1

序号	名称	建设单位
8	国家湖羊保种场	苏州太湖东山湖羊产业发展有限公司
9	国家长江三角洲白山羊（笔料毛型）保种场	南通市海门区长江三角洲白山羊保种繁殖研究所
10	国家湖羊保种场	浙江华丽牧业有限公司
11	国家小尾寒羊保种场	嘉祥县种羊场
12	国家大尾寒羊保种场	临清润林牧业有限公司
13	国家济宁青山羊保种场	济宁青山羊原种场
14	国家莱芜黑山羊保种场	山东峰祥畜牧种业科技有限公司莱芜黑山羊原种场
15	国家牙山黑绒山羊保种场	山东广耀牧业集团有限公司
16	国家大足黑山羊保种场	重庆腾达牧业股份有限公司
17	国家成都麻羊保种场	成都市西岭雪农业开发有限公司
18	国家龙陵黄山羊保种场	龙陵县黄山羊核心种羊有限责任公司
19	国家西藏山羊（白绒型）保种场	西藏阿里地区日土县边疆示范白绒山羊养殖牧业专业合作社
20	国家西藏山羊（紫绒型）保种场	措勤县绒山羊良种扩繁殖场
21	国家汉中绵羊保种场	勉县黑河猪种猪场
22	国家同羊保种场	白水县同羊原种场
23	国家贵德黑裘皮羊保种场	贵南县黑藏羊繁育中心
24	国家滩羊保种场	宁夏回族自治区盐池滩羊选育场
25	国家滩羊保种场	红寺堡区天源良种羊繁育养殖有限公司
26	国家中卫山羊保种场	宁夏回族自治区中卫山羊选育场
27	国家多浪羊保种场	新疆五征绿色农业发展有限公司
28	国家西藏羊（草地型）保种场	青海省种羊繁育推广服务中心

省级保护体系。截至 2023 年年底，建立省级保种场 127 家、保护区 12 个，对 80 个地方品种进行活体保种，省级保护品种保护率达 70% 以上。建立省级羊基因库 14 个，保存了湖羊、海门山羊、成都麻羊、川中黑山羊、川南黑山羊、北川白山羊、南充黑山羊等品种的遗传材料。

五、掌握了羊遗传资源生态分布状况

根据第三次普查，中国绵羊主要分布在温带、暖温带和寒温带的干旱、半干旱和半湿润地带等地区，山羊则主要分布在干旱贫瘠的山区、荒漠地区和南方草坡较多的地区。从全国来看，羊遗传资源主要集中分布在内蒙古、新疆、西藏和青海4个省（区）。根据生态经济学原理，可以将中国羊遗传资源的分布划分为八个生态地理区域（表4–2），包括东北农区、内蒙古地区、华北农区、西北农牧交错区、新疆牧区、中南农区、西南农区和青藏高原区。

表4–2 我国羊品种数量分布情况

序号	生态地理区名称	生态地理区范围	羊品种数量（原产地）
1	东北农区	辽宁、吉林、黑龙江	3
2	内蒙古地区	内蒙古	21
3	华北农区	黄河中下游地区（不包括内蒙古），包括山东、山西、河北和河南4省，以及北京市和天津市	27
4	西北农牧交错区	陕西、甘肃和宁夏	14
5	新疆牧区	新疆	21
6	中南农区	秦岭山脉和淮河以南广大农业地区（不包括西南四省），包括上海、江苏、浙江、安徽、江西、福建、湖北、湖南、广东、广西、海南和台湾12个省（区、市）以及香港和澳门特别行政区	14
7	西南农区	四川、云南、贵州和重庆	43
8	青藏高原区	青海、西藏、甘肃南部和四川西北部	22

六、建立了全国羊遗传资源特征特性库

开展185个羊品种的遗传特性评估，经全面的生产性能测定、外貌特征评估，拍摄羊品种个体及群体照片1 122张、影像资料374套，采集数据104万条，实现了所有普查品种、关键指标和分布区域的全覆盖，构建了全国羊遗传资源表型特征库。

七、精准鉴定取得新进展

完成 140 个羊品种的 DNA 样本采集、提取和高通量基因组测序的工作，获得了高质量基因组数据 7 000 多份。构建完成滩羊分子身份证，年检测滩羊 19.2 万只。陕西、重庆等 14 个省（市）开展羊遗传资源精准鉴定工作。如陕西安排 300 万元建设 7 个地方品种的分子指纹图谱库，青海和西藏完成 19 个和 23 个地方品种的精准鉴定采样任务。

第三章　肉羊种业创新攻关

一、肉羊育种联合攻关

（一）国家肉羊育种联合攻关持续开展

2023 年，国家肉羊育种联合攻关组持续开展湖羊基因组选择参考群构建和适合规模化舍饲的奥白肉羊新品种培育工作。

湖羊基因组选择技术方面。2023 年，继续开展湖羊性能测定与基因分型工作，参考群规模增加 1 040 只，累计群体规模达 3 115 只，构建“千级”规模湖羊基因组选择参考群。测定包括生长、繁殖、胴体和肉品质等性状中近 300 个重要经济指标，个体基因组测序平均深度 7.8 乘，累计获得表型数据 62.3 万条、基因组数据 63.17 TB，是国内性状记录最全、遗传变异最丰富的绵羊基因组选择参考群。利用基因组测序数据挖掘影响湖羊产羔数性状的功能变异位点，将功能变异位点嵌入湖羊基因组育种芯片中，持续优化华羊芯基因组育种芯片，提高基因组选择准确性，利用芯片对 2 173 只湖羊进行遗传评估，建立高效基因组育种技术体系。

奥白肉羊新品种培育方面。2023 年持续选育适于规模化舍饲的肉羊新品种——奥白肉羊。选育进程整体推进至横交固定 3 世代，核心群规模达 5 216 只，核心群公、母羊初生重分别为（3.83 ± 0.42）千克、（3.68 ± 0.46）千克；6 月龄重分别为（52.68 ± 7.91）千克、（44.91 ± 7.43）千克；周岁重分别为（69.22 ± 7.85）千克、（60.23 ± 6.59）千克。经产母羊产羔率 205.2%，*FecB*（多胎主效基因）优势等位基因频率 65.37%。

（二）省级肉羊育种联合攻关进展明显

2023 年，共组织实施省级肉羊育种联合攻关项目 16 项（表 4–3），其中绵羊 13 项、山羊 3 项，在肉羊基因组选择技术、地方品种选育和新品种培育 3 个主要方面取得了显著进展。山西立项支持肉羊育种联合攻关项目 2 个，分别为“雁云白羊育种联合攻关”和“特藏寒羊育种联合攻关”。依据全基因组重测序结果，对雁云白羊能繁母羊开展大规模基因分型，组建高繁母羊群体。利用胚胎移植技术对特藏寒绵羊新品种核心群进行快速扩繁。

表 4-3　2023 年省级肉羊育种联合攻关项目

省（区、市）	数量	项目名称
河南	3	豫东肉山羊育种关键技术研制以及新品种培育
		中原肉羊种质创新及品种选育
		中部农区多胎肉用绵羊新品种培育
山西	2	雁云白羊育种联合攻关
		特藏寒羊育种联合攻关
宁夏	2	滩羊全基因组选择育种技术研究与示范项目
		滩羊基因组组装及品质性状解析
天津	1	肉羊育种联合攻关
河北	1	肉羊新品种培育联合攻关
内蒙古	1	内蒙古肉羊育种联合攻关
江苏	1	奶牛肉羊高产优质抗逆新品种选育协作攻关
广西	1	广西山羊联合育种攻关
四川	1	四川肉羊育种攻关
贵州	1	黔北麻羊新品系选育
陕西	1	陕西肉羊新品种培育
新疆	1	新疆畜禽种业提升计划

二、羊遗传改良计划

2023 年，全国 50 家国家级羊核心育种场登记品种 26 个，其中绵羊品种 15 个，山羊品种 11 个。在绵羊中，地方品种 5 个，分别为湖羊、呼伦贝尔羊、滩羊、小尾寒羊、苏尼特羊；培育品种 5 个，分别为中国美利奴羊、巴美肉羊、高山美利奴羊、乾华肉用美利奴羊、昭乌达肉羊；引进品种 5 个，分别为澳洲白羊、杜泊羊、萨福克羊、德国肉用美利奴羊、东佛里生羊。在山羊中，地方品种 6 个，分别为川中黑山羊、辽宁绒山羊、黄淮山羊、龙陵黄山羊、内蒙古绒山羊、湘东黑山羊；培育品种 3 个，分别为云上黑山羊、南江黄羊、简州大耳羊；引进品种 2 个，分别为萨能奶山羊、波尔山羊。登记的核心群羊只共 12.29 万只，比 2022 年增长 21.70%，其中绵羊 8.86 万只，山羊 3.43 万只。地方品种、培育品种和引进品种核心群数量最多的品种分别是湖羊（2.26 万只）、高山美利奴羊（1.20 万只）和杜泊羊（1.10 万只）（图 4–2）。

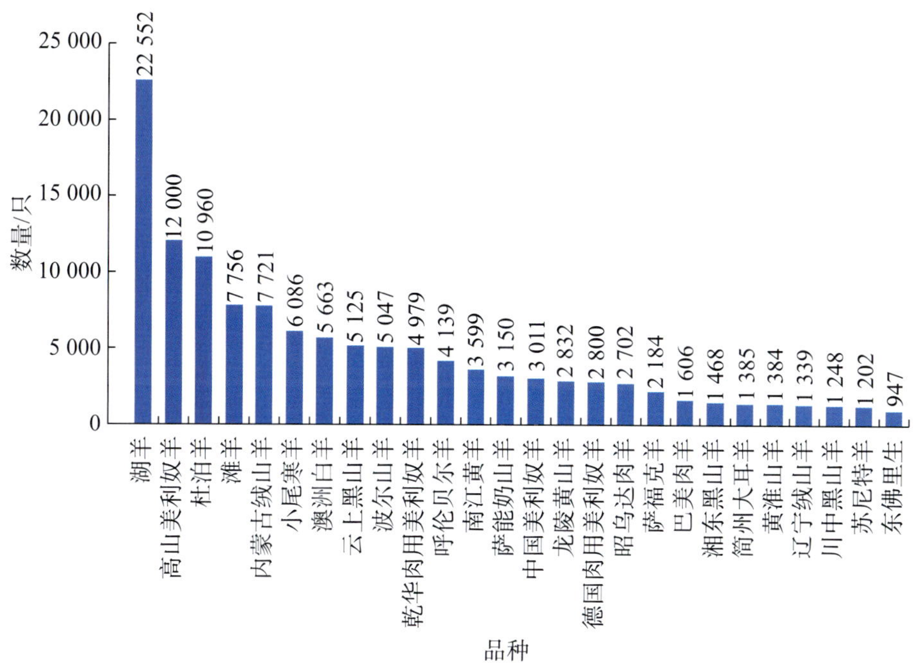

图 4-2　2023 年国家级羊核心育种场各品种核心群数量柱状图

核心群种羊性能测定比例持续提升，测定方式仍以场内测定为主。截至 2023 年年底，50 家国家级羊核心育种场累计有 18.49 万只种羊参与生产性能测定，比 2022 年增长 84.13%，收集表型记录 100.51 万条，比 2020 年增长 39.80%。在所有品种中，湖羊性能测定的数据量最大，达 28.92 万条；引进品种中，杜泊羊和萨能奶山羊的性能测定数据量最大，分别达 5.26 万条和 3.80 万条。

三、遗传评估和科研创新平台建设

2023 年，依托内蒙古大学规划建设羊专业遗传评估中心，通过与 SheepLink（万羊基因组网格化种羊追溯）整合，建立生产性能、繁殖性能、屠宰性状等表型数据采集类别和标准，开发数据采集系统，开展遗传评估算法研究工作，制定中国肉羊选择指数（CSI）和中国肉羊基因组选择指数（GCSI）。

新建农业农村部天府种业创新重点实验室和甘肃肉羊高效繁育技术创新中心 2 个省部级种业科研创新平台。农业农村部天府种业创新重点实验室依托四川省种质资源中心库、海南南繁育种工程中心、四川省分子育种平台及四川部省级重点实验室等建设，重点打造遗传资源精准鉴定与创新、基因编辑与生物育种、种子繁育与品种测试、遗传生理与作物互作机制四个功能实验室。其中，肉羊种业创新是该实验室重点任务之一。甘肃肉羊高效繁育技术创新中心依托甘肃庆环肉羊制种有限公司建设，拥有胚胎移植生产线、分子育种实验室等基础科研设施，主要任务是突破肉羊全基因组选择、干细胞育种等关键前沿技术，培育舍饲专门化肉羊新品种。

四、育种技术创新攻关

基因组选择技术方面。经过持续的性能测定与基因分型，参考群规模持续扩大。2023 年，有详细生产性能记录的基因组选择参考群突破 2 万级规模，包括湖羊、内蒙古绒山羊等地方品种，高山美利奴羊、天华肉羊、华蒙肉羊等培育品种，以及杜泊羊、澳洲白羊、萨福克羊等引入品种。研发出华羊芯、白泽一号、细毛羊 40K、超细型细毛羊 10K、奶绵羊 20K、绒山羊 10K、黑山羊 10K 等 13 款覆盖肉、毛（绒）、乳等主要生产的基因组育种芯片。

智能表型组与大数据挖掘方面。羊种业企业积极采用大数据、智能化、信息化系统和设备，自主研发非接触式体重体尺测定、饲料转化率自动化测定、胴体性状活体测定等一系列数智化设备和系统，助推了育种基础数据的智能化采集，为准确高效的育种工作提供了有力的数据和方法支撑。为应对育种和生产数据几何倍数增长给数据处理带来的困难，我国多家单位分别构建了 iSheep、iAnimal、SheepLink 等与羊相关的多组学数据库和平台，为羊重要经济性状关键基因挖掘、遗传机理解析、遗传评估、种羊追溯等提供了重要的数据支撑。

五、肉羊新品种培育

2023 年，我国育成 4 个羊新品种，分别为天华肉羊、华蒙肉羊、双乾肉羊和德新肉用美利奴羊。

天华肉羊。该品种是我国高寒地区育成的首个肉用细毛羊新品种，适应高海拔、寒冷、半干旱自然环境和各类饲养模式。群体规模达 7.61 万只，其中育种群 1.55 万只、扩繁群 6.06 万只。成年公、母羊平均体重分别为 100 千克和 65 千克，平均剪毛量分别为 6.1 千克和 4.2 千克；羊毛主体细度 21.5~23.0 微米。6 月龄公、母羊平均屠宰率分别为 51.5% 和 50.5%。母羊常年发情，产羔率 132%。

华蒙肉羊。该品种具有生长速度快、繁殖力高、体型大、适应性强、肉用性能突出等优良特性，是适应我国北方农区及农牧交错区气候条件和舍饲、半舍饲的多羔肉用绵羊新品种。群体规模达 2.18 万只，其中育种群 1.17 万只、扩繁群 1.01 万只。成年公、母羊平均体重分别为 102.1 千克和 78.6 千克，6 月龄公、母羊平均屠宰率分别为 52.31% 和 51.68%。母羊常年发情，初产母羊平均产羔率 194.07%，经产母羊平均产羔率 242.26%。

双乾肉羊。该品种适应性、抗逆性强，兼具早期生长发育快，产羔率高、肉用性能好等优良特性，是适应东北农区气候条件和舍饲、半舍饲等养殖模式的专门化肉羊新品种。双乾肉羊公、母羊

3月龄体重分别为30.35千克和28.42千克，6月龄体重分别为50.08千克和46.32千克，周岁体重分别为79.96千克和59.85千克，成年体重分别为101.76千克和70.45千克。经产母羊产羔率为234.82%。6月龄屠宰率53.96%，眼肌面积平均23.05平方厘米。

德新肉用美利奴羊。该品种肉用性能、繁殖性能显著高于中国美利奴羊，是适应北方牧区和农牧交错区半干旱自然环境和放牧、半放牧半舍饲等饲养模式的肉毛兼用细毛羊新品种。群体规模达8.4万只，其中核心育种群和育种群数量达1.5万只。成年公、母羊平均体重分别为97千克和67千克，平均剪毛量分别为7.3千克和4.5千克，羊毛主体细度20.5~22.0微米。6月龄公、母羊平均屠宰率分别为51.0%和50.0%。母羊繁殖性能优良，产羔率130%。

第四章　肉羊种业企业扶优

一、肉羊企业扶优新举措

政策支持方面。农业农村部发布《推进肉牛肉羊生产发展五年行动方案》，预期 2025 年肉羊规模养殖比重达到 50%，且自给率达到 85% 左右，羊肉产量稳定在 500 万吨左右。内蒙古出台《“十四五”农牧业优势特色产业集群建设规划（2021—2025 年）》。河南发布《关于推进羊产业高质量发展的意见》。新疆、青海、吉林等地出台政策，推动羊产业科技进步，龙头企业不断培育壮大。

金融服务方面。财政部、农业农村部发布强农惠农政策，支持肉羊信贷担保服务，重点服务家庭农场、农民合作社、农业社会化服务组织、小微农业企业等农业适度规模经营主体。内蒙古设立（牛羊）助保贷引导资金，免担保信贷资金 20 亿元。河北、山西、内蒙古、辽宁、吉林、黑龙江、新疆等 13 省（区）实施草原生态保护补助奖励政策，奖励资金用于支持实施草原禁牧，提高草原畜牧业现代化水平。

二、国家种业阵型企业发展

发展成效显著。国家通过对肉羊种业阵型企业建设的扶持，推动了企业技术提升和经济效益，提高企业市场竞争力。天津奥群牧业有限公司加快澳洲白羊和杜泊羊本土化选育、扩繁和产业化推广，选育高繁力舍饲肉羊新品种奥白肉羊。内蒙古赛诺种羊科技有限公司培育适应性强、肉用体型好杜蒙羊新品种。安徽安欣（涡阳）牧业发展有限公司形成肉羊良种培育、繁殖配种、营养饲料、疾病防控、工艺与设备五大技术体系。

加大科技投入。科技水平是企业核心竞争力，肉羊种业阵型企业在科技方面持续投入，创新能力大幅提高，成效显著。内蒙古赛诺种羊科技有限公司在国内率先实现胚胎移植技术和试管羊的产业化应用，每年向全国 20 多个省（区、市）提供优质种羊及配套标准化技术服务。江苏乾宝牧业有限公司与十多家知名院校开展产学研合作，创建中国湖羊核心种群繁育基地，单胎产羔率达到245%。宁夏红寺堡区天源良种羊繁育养殖有限公司与西北农林科技大学合作，研发了高效基因编辑新工具，创制了最大规模的基因编辑育种绵羊群体。

参与国家重大项目。鼓励以企业为创新主体，承担产业化相关重大项目，凸显企业自主创新地位。天津奥群牧业有限公司建有万只规模核心育种场1个、万只规模扩繁制种场2个，年制种能力达到5万只，育种技术水平中国领先、世界同步。内蒙古赛诺种羊科技有限公司以核心群选育和胚胎移植技术为依托，不断选育核心群种羊，持续提升种羊质量，培育出多个新品系。

三、国家和省级羊种业产业园建设情况

内蒙古赤峰市克什克腾旗国家现代农业产业园（昭乌达肉羊）。产业园于2021年获批创建，园区共涉及浩来呼热、乌兰布统、芝瑞等6个苏木乡镇的12家育种企业和880户农牧户。初步构建起“产、学、研”相结合，具有国际先进水平的肉羊种业自主创新体系，探索推广了“羊联体”联农带牧模式，通过开展三个“一批”（培育一批在全国有影响力的现代种业企业，形成一批国内领先的肉羊种业关键技术成果，选育一批市场竞争力强的新品种）创建，推动国家现代农业产业园规划项目落地。园区建成后，克什克腾旗肉羊良种市场占有率将提升10%以上，园内农牧民人均可支配收入达到3.8万元，均较园区外农牧民人均可支配收入高137.5%，产业园年总产值预计达33亿元，预期利润可达7亿元左右。

四川南江县国家现代农业产业园（南江黄羊）。产业园于2020年获批。四川南江县在强化种羊选育培优上，以“梯次培育、扩繁选种”为重点，建成并投产扩繁场2个，正在建设扩繁场4个，实现种羊倍增2.5万只。南江黄羊作为全市特色优势产业，是巩固脱贫成效、助力乡村振兴的骨干产业。带动了脱贫户和监测户增收，实现了人均增收2 500元以上，园内农民人均可支配收入达到19 980元，比全县平均水平高出17.6%，体现了产业园对提高农民收入的积极作用。

巴彦淖尔农高区。2023年，内蒙古再投入5 000万元用于巴彦淖尔国家农高区建设和科技创新能力提升，聚焦产业需求和技术瓶颈。农高区在种业振兴方面取得显著成效，选育推广了自主优良品种——华蒙肉羊新品种。2023年，农高区总产值达到149.13亿元，展现出强劲的经济增长势头。农高区的发展带动了周边农牧民收入的增长，预计2024年农牧民人均可支配收入达到4万元，当地居民的生活水平显著提高。

广西都安优质肉牛肉羊国家现代农业产业园。产业园为都安肉羊产业向集约化、规模化、现代化方向加速前进提供了强大动力。产业园推动牛羊肉产品进入粤港澳大湾区市场，提升品牌影响力，拓展产销对接渠道。产业园已建成万头种牛基地3个、万只澳寒羊养殖基地5个，以及其他相关设施，形成了全域发展的新格局。产业园带动超过3.1万户农户通过牛羊产业实现脱贫。

四、国家和省级重点龙头企业

据统计，6 家肉羊种业企业成功入选农业产业化国家和省级重点龙头企业（表 4–4）。其中，天津奥群牧业有限公司是国内规模较大的肉羊核心育种企业，每年繁育纯种杜泊羊和澳洲白种羊万余只。内蒙古赛诺种羊科技有限公司拥有各品种核心群种羊 1 万只，每年可提供胚胎 30 万枚、种羊 15 万只，可向全国 20 多个省（区、市）提供优质种羊及配套标准化技术服务。江苏乾宝牧业有限公司有存栏湖羊 10 万只，年出栏量 30 万只。山东嘉祥县种羊场有存栏小尾寒羊 1 000 多只，帮助并带动周边养殖场户饲养小尾寒羊 5 万多只。山东临清润林牧业有限公司有存栏湖羊种羊 6 万只，鲁西黑头羊 5 000 只，年出栏优质湖羊、鲁西黑头羊共 19 万只，其中种羊 11 万只，肉羊 8 万只。

表 4–4　国家和省级重点龙头企业（肉羊种业企业）情况

序号	企业名称	企业类型	所在省(区、市)	主营品种	产品类型	年产量 / 只
1	天津奥群牧业有限公司	民营企业	天津	澳洲白羊、杜泊羊、湖羊	胚胎移植、肉羊养殖	2 万
2	内蒙古赛诺种羊科技有限公司	民营企业	内蒙古	杜泊羊、萨福克羊、特克塞尔羊	胚胎移植、肉羊养殖	15 万
3	江苏乾宝牧业有限公司	民营企业	江苏	湖羊	肉羊养殖	30 万
4	浙江赛诺生态农业有限公司	民营企业	浙江	湖羊	肉羊养殖	1.2 万
5	嘉祥县种羊场	民营企业	山东	小尾寒羊	肉羊养殖	5 万
6	临清润林牧业有限公司	民营企业	山东	湖羊、鲁西黑头羊、大尾寒羊	肉羊养殖、羊肉加工	19 万

第五章　肉羊种业基地提升

一、种羊场建设情况

截至 2023 年年底，全国共有种羊场 1 030 个。种绵羊场 657 个，年末种羊存栏量 343.25 万头，其中能繁母羊 184.70 万头，年提供种羊 154.43 万头，胚胎 27.45 万枚；种山羊场 373 个，年末种羊存栏量 53.94 万头，其中能繁母羊 29.57 万头，年提供种羊 23.62 万头，胚胎 7.52 万枚，可满足我国肉羊生产种源更新和生产需求。种羊场数量最多的 5 个省（区），分别为内蒙古（占比 21.3%）、甘肃（占比 11.3%）、新疆（占比 9.6%）、陕西（占比 8.6%）、四川（占比 5.0%）。

二、国家和省级羊核心育种场建设情况

2023 年，新遴选国家羊核心育种场 5 家、核验通过 3 家（表 4–5），国家羊核心育种场总数达 50 家，分布于全国 20 个省（区、市）。种羊核心群规模达 12.29 万只，其中绵羊 8.86 万只，山羊 3.43 万只。地方品种、培育品种和引进品种核心群数量最多的品种分别为湖羊（2.26万只）、高山美利奴羊（1.20万只）、杜泊羊（1.10万只）。主导品种为湖羊的核心育种场有 12 家，表明湖羊在我国规模化养殖中占主导地位。

表 4–5　2023 年国家羊核心育种场遴选核验结果

序号	省（区）	单位名称	品种名称	遴选核验结果
1	山西	左权县新世纪农业科技有限责任公司（红土垴羊场）	太行山羊	新遴选
2	辽宁	彰武县天丰种羊养殖有限公司	夏洛莱羊	新遴选
3	山东	济宁青山羊原种场（桐庄南首羊场）	济宁青山羊	新遴选

续表 4–5

序号	省（区）	单位名称	品种名称	遴选核验结果
4	贵州	习水县富兴牧业有限公司（沔山村羊场）	黔北麻羊	新遴选
5	甘肃	甘肃中环牧业有限公司（白草塬养殖场）	萨能奶山羊	新遴选
6	江苏	江苏乾宝牧业有限公司	湖羊	核验通过
7	河南	河南中鹤牧业有限公司	杜泊羊	核验通过
8	宁夏	宁夏中牧亿林畜产股份有限公司	杜泊羊	核验通过

2023 年，各地遴选核验省级羊核心育种场 12 家，其中山东 4 家，河北和江西各 2 家，山西、河南、湖南和四川各 1 家（表 4–6）。

表 4–6　2023 年省级羊核心育种场遴选核验结果

序号	省	单位名称
1	河北	宽城立东养殖有限公司
2		青龙满族自治县芳华畜牧养殖有限公司
3	山西	山西根源牧业股份有限公司
4	江西	江西龙海农业开发有限公司广丰山羊良种场
5		上栗县康鑫农业发展有限公司
6	山东	山东赢泰农牧科技有限公司
7		曹县正道牧业科技有限公司
8		济宁青山羊原种场
9		无棣峰达牧业有限公司
10	河南	浚县鑫林牧业有限公司
11	湖南	湖南彝牧牧业有限公司
12	四川	凉山半细毛羊原种场

三、羊标准化示范场建设情况

2023 年遴选羊标准化示范场 9 家，对即将到期的 11 家示范场进行了现场复验（表 4–7）。羊标准化示范场总数达 86 家，这些示范场对提升羊产业标准化水平、发挥示范效应、加快构建现代羊养殖体系起到了积极的推动作用。

表 4–7　2023 年农业农村部羊养殖标准化示范场名单

序号	省（区、市）	单位名称	备注
1	内蒙古	内蒙古三阳牧业有限公司	2023 年申请通过
2	内蒙古	扎鲁特旗新利生态农场	2023 年申请通过
3	黑龙江	黑龙江绿能生态牧业有限公司	2023 年申请通过
4	上海	上海万禾农业科技发展有限公司	2023 年申请通过
5	河南	洛阳龙须坡农牧有限公司	2023 年申请通过
6	湖南	浏阳市浏安农业科技综合开发有限公司	2023 年申请通过
7	陕西	延安农投绿水青山牧业有限公司	2023 年申请通过
8	青海	德令哈伊明农牧有限公司（柴达木农牧标准化养殖基地）	2023 年申请通过
9	新疆生产建设兵团	图木舒克安欣牧业有限责任公司（51 团湖羊繁育基地）	2023 年申请通过
10	内蒙古	内蒙古杜美牧业生物科技有限公司	2023 年复验合格
11	河南	宁陵县豫东牧业开发有限公司	2023 年复验合格
12	湖北	荆门景阳农牧股份有限公司（原荆门市景阳畜禽有限公司）	2023 年复验合格
13	湖北	罗田县锦秀林牧专业合作社	2023 年复验合格
14	湖南	湖南百柯农业科技有限公司（百柯黑山羊繁育场）	2023 年复验合格
15	云南	云南立新羊业有限公司	2023 年复验合格
16	陕西	陕西和氏高寒川牧业有限公司（东风奶山羊场） （原陕西和氏高寒川牧业有限公司（东风奶山羊生态养殖场）	2023 年复验合格
17	陕西	陕西黑萨牧业有限公司	2023 年复验合格
18	青海	都兰盛达牛羊养殖专业合作社	2023 年复验合格
19	新疆	和田地区津垦牧业科技有限公司	2023 年复验合格
20	新疆	日发新西域玛纳斯牧业有限公司	2023 年复验合格

四、种羊供种情况

2023年年末，全国种羊存栏量397.2万只，比2020年增长24%；种羊出场数178.1万只，比2020年增长21.7%。其中，种绵羊出场数154.4万只，种山羊出场数23.6万只。种羊出场数量排名前五的省（区）分别是新疆（占比20.93%）、内蒙古（占比16.94%）、甘肃（占比12.23%）、江苏（占比6.80%）、安徽（占比6.0%）。

全年生产胚胎35.0万枚，比2020年减少20.8%，其中绵羊胚胎27.4万枚，比2020年增长45.7%；山羊胚胎7.5万枚，比2020年减少70.5%。生产胚胎排名前五的省（区）分别是新疆（占比45.7%）、甘肃（占比15.5%）、内蒙古（占比8.3%）、四川（占比5.8%）、广西（占比3.1%），合计占全国的85.8%。全年共生产精液50 586剂，比2020年增长10.3%，精液生产主要集中在内蒙古，占全国的87.1%。

第六章　肉羊种业质量监管

一、严格审批支撑肉羊种业市场净化

2023 年 12 月，农业农村部发布《种羊及冷冻精液和胚胎进口技术要求》，明确了从境外引进种羊、冷冻精液和胚胎供体的品种名称、种用要求、系谱信息和准入检疫等方面的基本要求，尤其对引进的种羊、冷冻精液的供体公羊、胚胎的供体母羊及与配公羊的主要生产性能水平或育种值排名提出了具体要求，为今后进口种羊、冷冻精液和胚胎技术审查提供了政策依据。

二、标准规范助力肉羊种业市场净化

2023 年，全国共发布肉羊种业相关标准 27 个（表 4–8），其中行业标准 2 个、地方标准 25 个。标准的制定和发布，为种羊场引种、选种、保种、生产、管理等环节提供了依据和技术规范，对种羊场实现标准化生产、提高种羊生产质量和管理效率具有指导意义，对推动肉羊种业市场净化具有积极的作用。

表 4–8　2023 年颁布的国家标准、行业标准和地方标准

序号	标准名称	标准类型
1	NY/T 1236—2023　种羊生产性能测定技术规范	行业标准
2	NY/T 4326—2023　畜禽品种（配套系）澳洲白羊种羊	行业标准
3	DB15/T 2968—2023　肉绒兼用山羊繁育技术规程	地方标准
4	DB13/T 5690—2023　批次化繁殖羔羊培育技术规程	地方标准

续表 4-8

序号	标准名称	标准类型
5	DB45/T 2696—2023　规模化羊场引种技术规范	地方标准
6	DB50/T 386—2023　大足黑山羊种公羊饲养管理技术规范	地方标准
7	DB62/T 1815—2023　滩羊保种技术规程	地方标准
8	DB64/T 1892—2023　滩湖杂交母羊饲养管理技术规程	地方标准
9	DB64/T 1891—2023　舍饲滩羊个体鉴定及生产性能测定技术规范	地方标准
10	DB51/T 3011—2023　山羊胚胎生产与冷冻保存技术规范	地方标准
11	DB21/T 1273—2023　辽宁夏洛莱羊	地方标准
12	DB5134/T 42—2023　凉山黑绵羊（品种）	地方标准
13	DB5134/T 40—2023　美姑山羊人工授精技术规程	地方标准
14	DB5134/T 35—2023　凉山黑绵羊饲养管理技术规程	地方标准
15	DB5133/T 94—2023　勒通绵羊	地方标准
16	DB5133/T 93—2023　朵洛山羊	地方标准
17	DB5307/T 56—2023　宁蒗黑绵羊养殖技术规范	地方标准
18	DB50/T 502—2023　大足黑山羊圈舍建设技术规范	地方标准
19	DB3713/T 287—2023　小尾寒羊母性行为评价规程	地方标准
20	DB4105/T 215—2023　太行黑山羊饲养管理技术规程	地方标准
21	DB65/T 4692—2023　巴尔楚克羊	地方标准
22	DB5107/T 135—2023　北川白山羊种羊饲养管理技术规范	地方标准
23	DB32/T 4503—2023　羊人工授精技术规程	地方标准
24	DB5115/T 57—2023　地理标志产品质量要求 江安黑山羊	地方标准
25	DB3305/T 262—2023　湖羊批次化繁育技术规范	地方标准
26	DB3305/T 261—2023　湖州湖羊种羊等级评定	地方标准
27	DB 5113/T 30—2023　畜禽品种 南充黑山羊	地方标准

第七章　肉羊种业发展展望

一、主要问题

我国已经培育出一批肉羊新品种，这些新品种已在生产中发挥重要作用，但品种创制速度与产业高质量发展需求仍有较大差距。一是专门化肉用杂交父本种源仍有一定的对外依从度，适于规模化、工厂化舍饲生产的专门化肉用母本品种尚为空白。二是地方品种在开展持续选育工作中，存在基础设施和装备较差，选育目标不明确，选育手段落后，群体一致性差等问题。三是引进品种的本土化选育不足，退化现象较为普遍。四是高通量智能化性能测定设备的自主研发能力不足，性能测定、遗传评估等基础工作标准化不强、不系统。五是受疫病、数据获取等问题制约，育种联合工作推进较为缓慢。

二、发展建议

（一）持续加强科技支撑

在肉羊育种过程中加强科技支撑，突破了关键技术。创新肉羊保存方法，建立多种保存方式相配套的遗传资源保存技术体系。研发高通量、智能化、自动化的表型组精准测定技术与装备，建立高通量表型组精准测定技术体系。解析饲料效率、繁殖、生长、肉质、抗病、抗逆等重要经济性状的遗传机理，挖掘关键基因和遗传变异。建立主导品种的大规模基因组选择参考群体，研发基因组选择技术，设计专业高效低成本的羊育种芯片，开发配套遗传评估技术。创新应用现代繁殖新技术，集成建立肉羊 LOPU-IVF-ET（活体采卵-体外受精）、MOET（超数排卵-胚胎移植）核心群高效繁育体系，提高制种效率。

（二）持续开展品种创制

重点对地方品种的生长、繁殖和肉品质等性状开展选育。对规模较大、有一定选育基础的地方品种杂种群体，制定选育计划，开展新品种培育。培育品种开展持续选育，重点提高繁殖性能、肉用性能和饲料转化率，持续提高种群供种能力和市场竞争力。引进品种开展系统性联合育种，加快本土化选育和种群扩繁，缩小与国际一流水平的差距，大幅提升自主供种能力。选育适于舍饲的专门化母本品种，以提高生长速度、饲料转化率、产肉量和改善肉质为重点，选育专门化肉用杂交父本品种。

（三）持续创新育种机制

形成以市场需求为导向的商业化育种模式和育种成果分享机制。建立稳定的经费投入和政策扶持机制，保证育种工作的连续性和稳定性。逐步建立政府、企业和社会资本共同投入的多元化投融资机制，不断激发企业自主创新和育种的驱动力。

蛋鸡篇

第一章　发展概况

2023 年，蛋鸡良种繁育体系建设不断完善，实现种源自主可控，且生产性能已经达到国际先进水平，蛋鸡种业发展势头良好。

资源保护方面。全面完成了第三次普查，涵盖 279 个鸡品种及配套系。其中，地方品种 133 个，培育品种及配套系 106 个，引入品种及配套系 40 个；肉用型 115 个，蛋用型 43 个，兼用型 121 个。完成 126 个地方鸡品种的血液采集，为分子身份证构建打下基础。建立国家级保种场 31 个、基因库 3 个，省级保种场 122 个、基因库 20 个和保护区 2 个。

创新攻关方面。国家蛋鸡核心育种场相对稳定，5 个蛋鸡核心育种场核心群测定数量 69 500 只，选育蛋用专门化品系 38 个，涉及蛋鸡品种 14 个，选育性状有不同程度提高。2021—2023 年，2 个蛋鸡配套系通过国家审定。

育种技术创新方面。研发了凤芯壹号、神农 1 号系列液相芯片和蛋鸡专用低密度育种芯片；建立产蛋数和蛋重的平衡选育方法和蛋鸡超长产蛋期中后期蛋品质综合选育方法；鉴定了产蛋数、产蛋量、饲料利用率、血肉斑等重要性状遗传变异与候选基因，解析了卵泡发育等遗传调控机制。种源自给能力持续增强，国产品种祖代蛋种鸡更新量占比达到 96.62%，连续 14 年高于引进品种。

企业扶优方面。已建立以企业为主导、市场为导向、科研合作的研发创新体系。2021—2023 年北京市华都峪口禽业有限责任公司累计投入研发经费超过 1.5 亿元，开发了蛋鸡基因组育种芯片和基因组育种技术体系，推动了分子育种技术发展，培育了京红 1 号、京粉 1 号、京粉 2 号、京粉 6 号和京白 1 号蛋鸡配套系；北京中农榜样蛋鸡育种有限责任公司成功培育了农大 3 号、农大 5 号和农大 6 号蛋鸡配套系。

基地提升方面。已建立完善的育种与扩繁体系，成功培育和推广了拥有自主知识产权的高产蛋鸡和地方特色蛋鸡品种，不仅满足了国内鸡蛋消费需求，还首次实现种鸡的对外出口。目前共有国家蛋鸡核心育种场 5 家，主推品种有 14 个，育种核心群存栏量 15.36 万只。国家良种扩繁推广基地有 16 家，主推品种有 13 个，推广商品代雏鸡 7.59 亿只。

第二章　蛋鸡遗传资源保护和利用

一、完成了第三次普查

（一）摸清了我国鸡遗传资源最新家底

掌握了近 15 年来我国鸡遗传资源的演变趋势和消长变化。据第三次普查，我国有 279 个鸡品种及配套系，约占全球登记鸡品种数量的 19.7%，是世界鸡遗传资源多样性最丰富的国家。其中，地方品种 133 个，占全国鸡遗传资源总数的 48%；培育品种 5 个、配套系 101 个，占 38%；引入品种 8 个，引入配套系 32 个，占 14%。按经济类型分类，肉用品种 115 个，蛋用品种 43 个，兼用品种 121 个。

与第二次调查结果相比，地方品种数量由 107 个增加至 133 个，培育品种及配套系由 44 个增加至 106 个，引入品种及配套系由 37 个增加至 40 个。究其原因，一是普查区域全覆盖，覆盖除台湾及 2 个特别行政区之外的 31 个省（区、市），“进村入户”逐个统计，解决了长期以来青藏高原区家禽遗传资源信息收集不全面、不系统的问题，新发现了一批珍稀地方品种；二是该阶段我国国民经济和家禽产业高速发展，大大促进了品种资源的创新和利用，涌现一批适合我国多元化市场需求的优良品种及配套系。

（二）鉴定了 8 个新发现资源

2023 年有 8 个鸡新发现资源通过国家鉴定，分别为徐海鸡、修水黄羽乌鸡、儋州鸡、粤西卷羽鸡、维西傈家乌鸡、黑水凤尾鸡、羌山云朵鸡和平武红鸡，这些品种各具特色，进一步丰富了我国鸡遗传多样性。

（三）掌握了我国鸡遗传资源濒危状况

依据第三次普查和《家禽遗传资源濒危等级评定》（NY/T2996—2016），对我国家禽遗传资源的濒危状况进行了科学评估，6 个品种存在消失灭绝风险。

（四）掌握了我国鸡遗传资源分布最新状况

我国家禽地方品种全面覆盖七大地理区域，包括青藏高原区、蒙新高原区、黄土高原区、西南山地区、东北区、黄淮海区和东南区，60%以上的家禽地方品种存在跨省（区、市）分布。鸡种分布有地域特色，体现了当地人们的喜好和生活习惯。例如，西藏高原地区海拔高、气候寒冷，当地养鸡粗放，形成的藏鸡资源保留了红色原鸡的生活习性。仙居鸡、白耳黄鸡、济宁百日鸡，分布在浙江、江西、山东等地，体型小、性早熟、产蛋多。仙居鸡原产于浙江的仙居县，已有上千年的历史，也是浙江台州地理标志产品。白耳黄鸡主产于江西上饶地区的广丰、上饶、玉山三县和浙江的江山市，为我国稀有的白耳蛋用早熟鸡品种。济宁百日鸡原产地为山东济宁市郊，具有体重轻、耗料少、抗病力强、肉质鲜美等优点，其罕见的早熟性状是培育高产、早熟蛋用型鸡的宝贵素材。

（五）首次建立了全国鸡遗传资源特征特性库

我国鸡遗传资源不仅数量多，而且种质特性各异，经系统全面性能测定，发现我国鸡遗传资源体貌特征鲜明，羽色类型多，包括黄羽、麻羽、黑羽、芦花羽、瓦灰羽等，羽型也分为丝羽、片羽等，还具有一些其他突出的外观特征，比如绿耳、缨头、胡须、五爪、凤头、毛脚、秃尾巴等。多样性的外貌暗示着丰富的遗传变异，因此可以根据需要培育出多元化的新品种。从用途上看，我国地方品种资源多为兼用型，蛋用型品种极少，主要为仙居鸡、白耳黄鸡、济宁百日鸡，以体型小、抗病力强、性成熟早、繁殖力高为主要特征。此外，我国地方品种中享誉世界的当属丝羽乌骨鸡，其因独特的体型外貌被国外列为观赏鸡种，具有典型的“十全”特征，该品种还可入药，利用丝羽乌骨鸡开发的中药“乌鸡白凤丸”闻名中外。

二、全面推进鸡遗传资源精准鉴定

本次鸡遗传资源精准鉴定项目将基于国内126个地方鸡品种，共计约6 300个样本，构建中国地方鸡品种的分子身份证模型。当前，已完成鸡分子身份证模型构建技术方案，落实分析流程与方法，并在特定范围内（14个鸡品种）实现品种的精准鉴定。确定了利用选择信号分析（Fst、In、XPEHH等）和机器学习决策树类模型（RandomForest、LightGBM和XGBoost）来寻找各个鸡品种的特征性SNP；利用LightGBM、XGBoost、PLS-DA和SVM等分类算法结合品种特征性SNP构建品种分类模型。2023年已完成126个地方鸡品种，共6 300只鸡的血液样本采集工作。预计2024年可以完成全部鸡品种的分子身份证构建工作，实现鸡遗传资源的精准鉴定。

三、构建鸡遗传资源保护体系

（一）首次实现国家级保护品种活体保护全覆盖

国家鸡遗传资源的保护方式以活体为主、遗传材料为辅，实施国家和省级两级管理。目前建有国家级保种场 31 个、基因库 3 个，首次实现 28 个国家级保护鸡品种全覆盖，保护率达到 100%。3 个国家级基因库中均为活体库。在由江苏省家禽科学研究所承建的国家级鸡基因库中，3 个鸡活体基因库保存地方鸡品种 46 个，备份保存了约 75% 的国家级保护品种，与国家级保种场共同形成了“双保险”。由全国畜牧总站承担建设的国家家畜基因库保存了 195 个地方家禽品种的血液样品 1 万多份。

（二）省级保护体系建设加快推进

按照分级保护原则，各地公布了鸡遗传资源省级保护品种，截至 2023 年年底，各地遴选确认省级保种场 122 个、基因库 20 个和保护区 2 个，保护品种达 95 个，活体保护率达 84%。多个省（区、市）还实行“多点保护”，在品种原产地及周边主要分布区同时建有省级保种场，如海南建有 2 个文昌鸡保种场。四川凉山崖鹰鸡和云南大围山微型鸡 2 个品种资源因分布区域极为闭塞，当地在美姑县、屏边县分别建有省级保护区。基因库保种蓬勃发展，云南、山东、广西、贵州、湖南、陕西等 13 个省（区、市）建有省级鸡基因库 20 个，对本地区地方鸡品种收集、保存和研究利用具有重要意义。

（三）濒危资源得到有效保护

第三次普查实行“边调查、边评估、边保护”的工作策略，针对此次确认的 6 个濒危鸡品种，制定了《濒危畜禽品种抢救性保护方案（2022—2026 年）》，由全国畜牧总站牵头，当地积极配合，及时组织落实“一品一策”保护方案，在原产地采取临时性保护措施，确认保护主体，并组织国家级基因库进行备份。同时，各省（区、市）也不断加大品种保护力度，通过制定相关政策和增加资金投入，确保保种效果。6 个濒危品种的灭失风险得到有效控制，保种群数量得到恢复性增长。如湖南通过本地收集、异地签约保种方式，建设临时性保种场开展扩繁，东安鸡群体数量已恢复至 8 000 多只。福建引导并确定漳州市芗城区漳州斗鸡繁育协会和漳州诸葛农业科技有限公司共同作为保种主体，漳州斗鸡种群数量得以不断扩大。

（四）加快构建以用促保、保用结合新格局

截至 2023 年年底，通过国家审定的蛋鸡配套系 25 个，其中高产蛋鸡 14 个，有地方鸡种血缘的特色蛋鸡配套系 11 个。其中，绿壳蛋鸡配套系是适应我国市场消费需求培育的特色品种，绿壳鸡蛋具有独特外观和口感，属于高端消费蛋品，终端市场按个或以礼盒形式销售，其价格比普通草鸡蛋高 30% 以上，养殖效益好。鉴于我国丰富的地方品种资源，优质地方鸡资源的开发和利用可满足中国消费市场多元化的需求。

第三章　蛋鸡种业创新攻关

一、蛋鸡遗传改良计划进展

（一）加强国家蛋鸡核心育种场管理

国家蛋鸡核心育种场相对稳定，继续实施国家蛋鸡核心育种场生产性能测定项目，5 个蛋鸡核心育种场核心群测定数量 69 500 只。各核心育种场和良种扩繁推广基地按照管理办法规定，及时提交年度工作总结，掌握工作进展。

2023 年 2 月，辽宁省农业农村厅印发《辽宁省畜禽遗传改良计划（2021—2035 年）》，覆盖蛋鸡在内的 7 个畜禽品种。山东进行了 2 批省级畜禽核心育种场遴选，确立 24 家企业为省级畜禽核心育种场（良种扩繁推广基地）。

（二）持续选育蛋用品系

2023 年，5 个国家蛋鸡核心育种场持续开展育成品种选育工作，共选育蛋用专门化品系 38 个，涉及蛋鸡品种 14 个，主要选育性状包括产蛋数、蛋重、蛋壳颜色、蛋壳强度等。北京市华都峪口禽业有限责任公司延长性状测定周期至 90 周龄，经选育，绝大多数品系不同周龄产蛋数、蛋壳强度等均有所提高，褐壳系蛋壳颜色加深，粉壳蛋颜色均匀度提高。

（三）创新遗传评估，加快遗传进展

北京市华都峪口禽业有限责任公司与中国农业大学合作，开发出我国首款国产蛋鸡高效液相 SNP 芯片，SNP 位点平均检出率达 99.26%，检测周期缩短至 11 天，准确性较传统 BLUP 选择方法平均提升 23%。保定兴芮农牧发展有限公司使用基因组育种技术，结合轮转循环育种模式，针对产蛋后期蛋品质开展全方位提升选育。北京中农榜样蛋鸡育种有限责任公司应用 BLUP 方法预测育种值，对关键性状采用先选后留－先留后选相结合的办法进行选择，加快了选育进展。荣达禽业股份有限公司利用

AsREML 软件估算性状育种值和遗传参数，提高遗传评估能力。扬州翔龙禽业发展有限公司对 M2、C4 品系的 40 周龄和 66 周龄产蛋量、蛋品质等性状进行遗传评估，发现产蛋数和蛋壳强度遗传力相对较低，除 M2 品系的 40 周龄与 66 周龄蛋壳强度遗传相关系数较低外，其他性状遗传相关系数均在 0.9 以上。

（四）开展核心场垂直传播疾病净化

各单位重视疫病净化工作，高产蛋鸡核心育种场禽白血病和鸡白痢阳性率均为 0，地方特色蛋鸡核心育种场品系禽白血病阳性率平均在 0.3%，鸡白痢阳性率平均在 0.5‰以下，净化效果维持良好；扩繁场制定并执行完善的禽白血病和鸡白痢净化方案和管理制度，绝大多数扩繁场禽白血病检测为阴性，其他扩繁场检测结果达到规定要求，在 1% 以下，父母代种鸡鸡白痢阳性率控制在 1.5‰以下，部分场鸡白痢检测为阴性。2023 年，北京中农榜样蛋鸡育种有限责任公司、北京市华都峪口禽业有限责任公司被评为国家级鸡白痢（非免疫）净化场，保定兴芮农牧发展有限公司易县娄山种禽分公司、荣达禽业股份有限公司（育种场）、沈阳华美畜禽有限公司被评为国家级禽白血病（非免疫）净化场。

（五）国家和省级遗传评估平台建设情况

国家鸡（含特种家禽）遗传评估中心由江苏省家禽科学研究所负责建设，目标为建设国内一流、国际先进的现代鸡（含特种家禽）遗传评估中心，系统收集、整理与分析利用鸡（含特种家禽）资源信息，构建并维护自动化、智能化的鸡种业大数据网络平台，为企业及政府相关职能部门提供专门化的服务。

制定高产蛋鸡育种数据和性状测定规范，统一测定指标和方法。性能测定核心指标包括：早期体重、43 周龄产蛋数、43 周龄蛋重、66 周龄产蛋数、66 周龄蛋重和早期饲料报酬。蛋鸡性能测定核心指标包括：43 周龄产蛋数、43 周龄蛋重、72 周龄产蛋数、72 周龄蛋重、早期体重和料蛋比。制定统一规范的数据上传格式，明确必传信息和选传信息。

建立高产蛋鸡产业信息数据库，对接国家蛋鸡产业技术体系，跟踪海关、国家统计局等官方渠道以及国外相关机构，收集白羽肉鸡祖代进口量、存栏量、父母代存栏量及商品代生产性能等产业信息，收集高产蛋鸡祖代进口量、存栏量、父母代存栏量及生产性能等信息。同时与国家级核心育种场、大型企业等联合，收集不同品种育种进展等总体信息。

二、育种联合攻关进展

（一）国家级育种联合攻关情况

2022 年 7 月，农业农村部印发《国家育种联合攻关总体方案》，构建完善以优势企业自主攻关为塔尖、重要畜禽育种联合攻关为塔身、重要特色物种育种联合攻关为塔基的“金字塔”式国家育种攻关阵型，形成一批航母型领军企业、有国际竞争力的特色企业。其中，重要畜禽育种联合攻关以国家支持为主，重要特色物种育种联合攻关以省级支持为主。

1. 重要畜禽育种联合攻关任务

北农大科技股份有限公司和中国农业大学承担高产蛋鸡育种联合攻关任务。2023 年累计测定专门化品系 14 个，家系 800 多个，测定个体数量超过 36 000 只，延长饲养至 85 周龄以上。优化表型性状测定方法和方案，增加蛋壳厚度钝端、中端测定；建立采食量数据快速传输通道，实现蛋鸡饲料转化率性状的精细化测定和其他重点经济性状数据的智能化采集和分析。培育的农金 1 号商品代蛋鸡已累计在全国推广约 3 000 万只，农大 6 号蛋鸡配套系也已通过国家审定。

2. 重要特色蛋鸡育种联合攻关任务

3 个蛋鸡品种入选重要特色物种育种联合攻关任务，分别是江苏扬州翔龙禽业发展有限公司和江苏省家禽科学研究所承担苏禽绿壳蛋鸡育种任务，江西抚州市东乡区华育绿壳蛋鸡原种场承担东乡绿壳蛋鸡育种任务，湖北民大农牧发展有限公司承担双莲鸡育种任务。

苏禽绿壳蛋鸡攻关进展。持续测定 L1、C3 等品系，净化禽白血病、鸡白痢，完成继代繁育；开展 2 个绿壳蛋鸡二元杂交对比测定，L1×G1 组在产蛋数、蛋重、体重方面最优，克服了苏禽绿壳蛋鸡商品鸡体重小、蛋重小的问题；以 M2 品系为终端父本，继续开展 3 个三元杂交组合试验；确定苏禽 5 号蛋鸡配套模式并送第三方机构测定。

东乡绿壳蛋鸡攻关进展。持续测定东乡绿壳蛋鸡等品系，净化禽白血病、鸡白痢，完成继代繁育；组建了东乡绿壳蛋鸡 2 个配套系并开展中试。

双莲鸡攻关进展。完成了双莲鸡配套系 4 个品系六世代的生产性能观测，同时进行禽白血病和鸡白痢净化，完成继代繁育；完成 5 个三元杂交组合生产性能观测，32 组的产蛋性能最佳，开产日龄 151.8 天，蛋重 48.8 克，蛋黄比率 31.1%，72 周产蛋数 272.1 个；完成国家家禽品质监督检验测试中心（扬州）性能测定工作。

（二）省级育种联合攻关情况

江苏在深入实施种业振兴“揭榜挂帅”项目的基础上成立鸡新品种（配套系）选育协作攻关组，负责地方特色蛋鸡种源攻关项目和“高产优质”青脚粉壳节粮型蛋鸡配套系培育项目的 2 个蛋鸡新配套系选育。

河北安排资金支持太行鸡等特色畜禽新品种选育，开展了太行鸡白羽系与绿壳系、白羽与慢羽麻羽系杂交筛选试验和配合力测定。

三、新品种配套系培育

2021—2023 年，通过国家审定的蛋鸡配套系有 2 个，分别为农金 1 号蛋鸡和荣德黑羽小型蛋鸡。

其中，荣德黑羽小型蛋鸡配套系于 2023 年通过国家审定，由河北容德家禽育种有限公司、中国农业大学、涿州市牧丰家禽有限公司和河北工程大学联合培育。

四、育种技术创新

2023 年，科研单位和育种企业围绕蛋鸡种业关键环节取得了以下成果。在生物育种技术方面，研发了凤芯壹号、神农 1 号系列液相芯片和蛋鸡专用低密度育种芯片，降低了育种成本；在育种方法方面，建立产蛋数和蛋重的平衡选育方法和蛋鸡超长产蛋期中后期蛋品质综合选育方法，提高了选择准确性；在遗传机制解析方面，鉴定了产蛋数、产蛋量、剩余饲料消耗、血肉斑等重要性状遗传变异与候选基因，解析了卵泡发育等遗传调控机制，为完善芯片提供了位点参考。

（一）蛋鸡基因组选择体系创建与新品种培育

中国农业大学与北京市华都峪口禽业有限责任公司合作，设计开发了适合国产高产蛋鸡品种的 SNP 分型芯片凤芯壹号，建立了完整的基因组选择技术体系，主要经济性状的选种准确率提升了 51%~75%；通过该基因组选择平台，育成产蛋多、蛋品优、耗料少的国审新品种京粉 6 号蛋鸡配套系，已推广 2.1 亿只；通过基因组选择提升的京红 1 号和京粉 1 号蛋鸡，平均年推广量为 4 亿只。该项成果平均每年能为社会增加 20.23 亿元的经济效益，并获得 2023 年教育部科技进步奖一等奖。

（二）研发“神农 1 号”液相芯片和低密度育种芯片

河南农业大学开发了适用于我国地方鸡基因组系列液相芯片——神农 1 号，该系列芯片采用模块组合的设计思路，包含 4 个模块，搭建了用于地方鸡种质资源鉴定、精准评价、保护与开发利用的高效技术平台，涵盖了鸡生长性能、肉质性能、产蛋性能、繁殖性能、低氧适应性等多个重要经济性状的 QTL 区域，可以用于不同鸡品种遗传特性解析、品种审定、种质资源开发与利用等工作。

（三）创新选育技术与方法

建立产蛋数和蛋重的基因组平衡选育方法，应用后，与传统选择相比，25 周龄蛋重提高约 0.18 克，解决了传统选择高产蛋数造成的蛋重下降问题。建立蛋鸡超长产蛋期中后期蛋品质综合选育方法，优化性状测定方案，增加饲料转化率、蛋壳光泽度等指标，采用主成分分析方法形成一套蛋壳颜色选育方法，后期蛋壳强度选择准确率提高 12%，蛋壳颜色选择准确率提高 15%。

第四章　蛋鸡种业企业扶优

一、企业扶优新举措新行动

（一）国家层面新举措新行动

强化政策、金融服务和机制创新。在强化政策方面，发改委、财政部加大项目资金支持力度，新启动品种推广补助、生产性能测定等一批重大项目。“十四五”期间，企业承担种业提升工程项目达130个，国家投资约16亿元。在强化金融服务方面，人民银行等多部门联合发文，积极支持符合条件的国家种业阵型企业上市、挂牌融资和再融资。截至目前涉种贷款余额已超千亿；现代种业基金规模由10亿元增加至25亿元，累计投资33.4亿元。在机制创新方面，深入推进种业企业与科研、金融、基地“三对接”，引导资源要素向优势企业集聚，更好发挥企业“主板”集成作用。

种业企业的研发项目支持。国家和地方政府设立专项科研基金，支持蛋鸡育种相关的基础研究和应用研究，旨在解决育种过程中的关键技术问题，推动新品种的培育和推广。

畜禽育种技术人才培养。教育部下发与育种企业联合培养的生物育种博士指标，培养畜禽育种专业人才。政府组织技术培训，提升从业人员的技能水平，同时通过教育和人才引进政策，吸引和培养更多专业人才投身蛋鸡育种行业。

市场准入和监管政策。通过制定和执行严格的市场准入标准和监管政策，保护国内育种企业的合法权益，维护公平竞争的市场环境。积极推进种鸡出口政策落地，促进京粉1号蛋种鸡顺利出口。

（二）省级层面新举措新行动

各地深入贯彻落实党中央、国务院的决策部署，积极谋划支持政策，出台扶持种业企业发展政策。例如，重庆市出台企业扶持政策，并印发《关于加快扶持种业企业发展的通知》，有力推动了畜禽种业高质量发展。江西印发《关于扶持种业企业加快发展的实施意见》等，就进一步加快种业企业高质量发展提供了政策扶持。山西印发《关于进一步扶优做强种业企业若干措施》，创优营商环境。

各地积极谋划支持资金与培优项目，建立与国家阵型企业“一对一”联系机制，解决企业实际问题。福建统筹 5 500 万元重点支持国家种业阵型企业、国家育种联合攻关企业和省内优势种业企业开展育种创新、示范推广等，着力提高企业综合实力。湖北财政设立扶持种业企业专项资金 1 亿元，支持骨干龙头企业做大做强，专精特新企业做优做精。

二、蛋鸡种业阵型企业建设进展

2022 年 7 月，农业农村部办公厅印发《关于扶持国家种业阵型企业发展的通知》，86 家畜禽种业企业入选。其中，北京市华都峪口禽业有限责任公司和北农大科技股份有限公司（北京中农榜样蛋鸡育种有限责任公司母公司）入选强优势阵型企业。

（一）科技创新能力提升

阵型企业不断加大研发投入，2021—2023 年北京市华都峪口禽业有限责任公司累计投入研发经费超过 1.5 亿元，充分保障了京系列蛋鸡品种培育、良种繁育体系建设和产业化推广工作的开展。同时，引进和培养高端育种人才，组建了由博士、硕士组成的高素质研发团队，并加强与科研院所的合作，推动育种技术的创新。近三年，研发了快慢羽分子检测技术，快速提升鉴别准确性；研发我国首款蛋鸡专用 DNA 芯片，率先建立基因组选择平台；创新定位羽色基因新突变，快速转化应用培育新品种；研发家禽育种管理系统，实现大数据精准育种；通过基因组选择、分子标记辅助育种等先进技术，大幅度提高了育种效率和精确度。基于峪口禽业与中国农业大学合作取得的成果，蛋鸡基因组选择体系的创建与新品种的培育和推广获得了 2023 年教育部科技进步奖一等奖。

（二）品牌建设和市场拓展

阵型企业注重品牌建设，通过提供优质的产品和服务，赢得了良好的市场口碑。同时，通过参加各种展会、论坛等活动，不断拓展市场渠道，增强市场竞争力。2023 年北京市华都峪口禽业有限责任公司对非洲坦桑尼亚出口京红 1 号蛋种鸡 1.5 万套，将国内优秀的品种和技术推广到国际市场，实现国内种禽出口“零”的突破，提升了中国蛋鸡种业的国际影响力。

（三）品种培育成果显著

阵型企业成功培育出多个适应市场需求的新品种和配套系。北京市华都峪口禽业有限责任公司培育了京红 1 号、京粉 1 号、京粉 2 号、京粉 6 号、京白 1 号等蛋鸡配套系，京粉 8 号已完成相应测定工作，拟准备新品种配套系审定；北京中农榜样蛋鸡育种有限责任公司成功培育的农大 3 号、农大 5 号和农大 6 号等蛋鸡配套系，具有饲料利用率高、蛋品质优等特点。这些新品种在产蛋性能、抗病能力、环境适应性等方面表现出色，受到市场的广泛欢迎。

（四）产业链整合优化

阵型企业通过整合上下游资源，成为“育繁推”一体化企业，建立了涵盖原种、祖代、父母代三级良种繁育体系，实现了产业链的垂直整合，提高了产业的整体效率和抗风险能力。产业布局立足北京、辐射全国，放眼“一带一路”共建国家。两家阵型企业每年直接生产的商品代蛋雏鸡 3.2 亿只，每年推广的商品代雏鸡超过 5.5 亿只，国内市场占有率超过 50%。

三、蛋鸡产业园区建设进展

（一）国家级产业园区建设情况

2021—2023 年，我国已建设 150 余个国家级现代农业产业园区。其中，与蛋鸡产业相关的国家级现代化产业园区 6 个，分别位于北京、吉林、安徽、山西和河北（表 5–1）。通过集中资源和技术，园区能够实现规模化、标准化和集约化生产，进而提高产业质量、效益和竞争力。

表 5–1　与蛋鸡产业相关的国家级现代农业产业园区

序号	创建年份	名称	相关产业类型
1	2019	吉林东辽县现代农业产业园	鸡蛋
2	2020	北京市平谷区现代农业产业园	蛋鸡
3	2020	安徽宣城市宣州区现代农业产业园	家禽
4	2021	山西大同市云州区现代农业产业园	鸡
5	2021	山西稷山县现代农业产业园	蛋鸡
6	2022	河北馆陶县现代农业产业园	鸡蛋

（二）北京市平谷区现代农业产业园

在表 5–1 所列园区中，与蛋鸡种业相关的仅有北京市平谷区现代农业产业园。该产业园占地面积为 718 526 亩，产业园总产值达 41.89 亿元。带动农民就业人数 41 559 人。创建期产业园实施八大工程（畜禽种业生产基地示范工程、畜禽种业科技创新建设工程、物流加工冷链提升工程、新型经营主体培育工程、绿色生产建设工程、公共服务建设工程、产业融合发展及品牌培育建设工程和基础设施建设工程）、26 个重点项目，方案中总投资 21.26 亿元。产业园成功培育京红 1 号、京粉 1 号、京粉 2 号、京粉 6 号、京白 1 号 5 个自主知识产权的蛋鸡新品种（配套系），建立了我国自主知识产权的优秀畜禽品种培育体系。

四、国家重点龙头企业发展情况

蛋鸡种业呈现出集中化的趋势，催生出不少国家级重点龙头企业。2023 年农业农村部发布的农业产业化国家重点龙头企业名单中与蛋鸡种业相关的有 8 家，即北京市华都峪口禽业有限责任公司、北农大科技股份有限公司、荣达禽业股份有限公司、河南三高农牧股份有限公司、北京德青源农业科技股份有限公司、华裕农业科技有限公司、陕西大匠农科产业（集团）有限公司和宁夏九三零生态农牧有限公司（表 5–2）。在这些公司中，前 4 家涉及蛋鸡新品种的培育，后 4 家主要为父母代种鸡的扩繁与推广。这些被列为农业产业化国家重点龙头企业的公司不仅代表了国内蛋鸡种业的先进水平，而且推动了整个农业产业链的现代化和科技化进程，在技术创新、产业升级以及市场拓展等方面取得了显著成绩。

表 5–2　蛋鸡种业相关农业产业化国家重点龙头企业

序号	公司名称	相关育种类型
1	北京市华都峪口禽业有限责任公司	蛋鸡育种
2	北农大科技股份有限公司	蛋鸡育种
3	荣达禽业股份有限公司	蛋鸡育种
4	河南三高农牧股份有限公司	蛋鸡育种
5	北京德青源农业科技股份有限公司	父母代种鸡
6	华裕农业科技有限公司	父母代种鸡
7	陕西大匠农科产业（集团）有限公司	父母代种鸡
8	宁夏九三零生态农牧有限公司	父母代种鸡

第五章　蛋鸡种业基地提升

一、国家核心育种场建设情况

我国现有国家蛋鸡核心育种场5家，自2014年首次入选以来未有新增，分别为北京市华都峪口禽业有限责任公司、北京中农榜样蛋鸡育种有限责任公司、保定兴芮农牧发展有限公司易县娄山种禽分公司、扬州翔龙禽业发展有限公司和荣达禽业股份有限公司。北京市华都峪口禽业有限责任公司是我国最大的蛋鸡育种企业，培育国审配套系有京红1号蛋鸡、京粉1号蛋鸡、京粉2号蛋鸡、京白1号蛋鸡和京粉6号蛋鸡，有北京、山东、湖北、云南4家国家蛋鸡良种扩繁推广基地，2023年推广17 725万只。北京中农榜样蛋鸡育种有限责任公司是北农大科技股份有限公司的子公司，培育国审配套系有农大3号小型蛋鸡、农大5号小型蛋鸡和农金1号蛋鸡，选育蛋鸡品系9个，有河北曲周、湖北安陆、江苏姜堰等父母代场，年推广量在3 000万只以上。保定兴芮农牧发展有限公司培育国审配套系有大午粉1号蛋鸡、大午金凤蛋鸡和大午褐蛋鸡，年推广量9 000万只以上。荣达禽业股份有限公司培育国审配套系有凤达1号蛋鸡配套系，公司存栏凤达1号蛋鸡父母代种鸡20万套，年推广商品代蛋鸡1 300万只，约占同类型蛋鸡品种市场份额的15%。扬州翔龙禽业发展有限公司培育国审配套系有苏禽绿壳蛋鸡和苏禽6号蛋鸡，以销售苏禽绿壳蛋鸡为主，主要推广区域为湖北、河南、江苏、湖南、河北、江西、安徽、广西、山东和辽宁等地，全年推广苏禽绿壳蛋鸡母苗约467.3万只。

2023年，国家蛋鸡核心育种场主推品种有14个（表5-3），均为培育品种（配套系），育种核心群存栏量15.36万只，与2022年5个国家蛋鸡核心育种场的育种核心群存栏量（15.54万只）基本持平。

表 5-3　2023 年国家蛋鸡核心育种场及品种统计

序号	单位名称	配套系名称
1	北京市华都峪口家禽育种有限公司	京红 1 号蛋鸡配套系 京粉 1 号蛋鸡配套系 京粉 2 号蛋鸡配套系 京白 1 号蛋鸡配套系 京粉 6 号蛋鸡配套系
2	北京中农榜样蛋鸡育种有限责任公司	农大 3 号小型蛋鸡配套系 农大 5 号小型蛋鸡配套系 农金 1 号蛋鸡配套系
3	扬州翔龙禽业发展有限公司	苏禽绿壳蛋鸡配套系 苏禽 6 号蛋鸡
4	荣达禽业股份有限公司	凤达 1 号蛋鸡配套系
5	保定兴芮农牧发展有限公司易县娄山种禽分公司	大午粉 1 号蛋鸡配套系 大午金凤蛋鸡配套系 大午褐蛋鸡配套系
合计		14

二、国家蛋鸡良种扩繁基地建设进展

目前入选国家蛋鸡良种扩繁推广基地的有 16 家，自 2016 年以来未有变动。主推品种有 13 个，包括京红 1 号、京粉 1 号、京粉 2 号、京粉 6 号、海兰褐、海兰灰、罗曼粉、农大 3 号、农大 5 号、大午粉、大午金凤、苏禽绿壳蛋鸡等。其中，13 个扩繁推广基地推广品种与推广量见表 5-4。2023 年，13 个扩繁推广基地父母代种鸡存栏量约 792.5 万套，推广商品代雏鸡约 7.59 亿只（表 5-4），在保障市场商品蛋鸡供给方面发挥着越来越重要的作用。与 2022 年相比，良种扩繁推广基地推广商品代雏鸡数量增加了 0.70 亿只，说明蛋鸡产能向头部企业集中。受饲料原料价格上涨和人工成本的增加的影响，生产成本较 2023 年上升，商品鸡盈利大幅下降，据对主要扩繁推广基地统计，2023 年高产蛋鸡商品代雏鸡生产成本平均约 3.0 元 / 只，销售价格平均约 3.1 元 / 只，平均每只商品代雏鸡微利 0.1 元。

表 5-4　2023 年国家蛋鸡良种扩繁推广基地品种与推广数量统计

序号	单位名称	入选年份	品种名称	推广数量 / 万只
1	北京市华都峪口禽业有限责任公司（父母代种鸡场）	2014 年	京红 1 号、京粉 6 号蛋鸡配套系	6 156
2	华裕农业科技有限公司（高岳良种扩繁基地）	2014 年	海兰褐、海兰粉、海兰灰蛋鸡配套系	6 314.6

续表 5-4

序号	单位名称	入选时间	品种名称	推广数量 / 万只
3	扬州翔龙禽业发展有限公司	2014 年	苏禽绿壳蛋鸡配套系	467.3
4	黄山德青源种禽有限公司	2014 年	罗曼粉、海兰灰蛋鸡配套系	890.8
5	山东峪口禽业有限公司	2014 年	京红 1 号蛋鸡配套系	5 005
6	湖北峪口禽业有限公司	2014 年	京红 1 号、京粉 1 号、京粉 2 号、京粉 6 号系列蛋鸡配套系	6 564
7	宁夏晓鸣农牧股份有限公司	2014 年	海兰褐、海兰粉、海兰白、海兰灰蛋鸡配套系	24 500
8	江西华裕家禽育种有限公司	2016 年	海兰灰、海兰褐蛋鸡配套系	4 653.3
9	沈阳华美畜禽有限公司	2016 年	海兰褐、海兰灰蛋鸡配套系	4 886
10	曲周县北农大禽业有限公司	2016 年	农大 3 号、农大 5 号小型蛋鸡配套系	2 200
11	四川省正鑫农业科技有限公司	2014 年	罗曼粉、伊莎粉蛋鸡配套系	1 500
12	宁夏九三零生态农牧有限公司	2016 年	海兰褐、海兰灰蛋鸡配套系	4 800
13	四川圣迪乐村生态食品股份有限公司	2014 年	罗曼粉蛋鸡配套系	8 000
合计				75 937

三、良种工程建设情况

为夯实蛋鸡产业现代化基础，提升种业核心竞争力，2021—2023 年现代种业提升工程建设项目涉及蛋鸡种业共 4 个，总投资 1.2 亿元，其中，中央财政预算内投资 5 500 万元，带动其他投资 6 066 万元，覆盖资源保护利用、育种创新两个环节。蛋鸡种业创新能力、竞争能力和保障能力明显增强。蛋鸡资源保护利用投资 2 623 万元，涉及 2 个种质资源场建设项目。在湖北京山市和贵州黔南州长顺县建设种质资源场，对荆门黑羽绿壳蛋鸡和长顺绿壳蛋鸡开展种质资源保护。蛋鸡育种创新共投资 8 973 万元，在北京和陕西两地开展蛋鸡育种创新项目。2023 年遴选了北京市华都峪口禽业有限责任公司，新投入资金 5 000 万元开展高产蛋鸡育种创新项目。

第六章　蛋鸡种业国际合作

2023年我国进口祖代蛋种鸡数量锐减。由于欧美国家暴发禽流感疫情，全国全年从海外引种量减少，仅引进祖代蛋种鸡9 064只，同比2022年进口的66 199只，降幅达86.3%。所引9 064只祖代蛋鸡全部为美国巴波娜特佳蛋鸡，由北京农效种禽繁育有限公司引进，成为全国2023年度引进的唯一一批祖代蛋种鸡。

2023年是种业振兴行动“三年打基础”的关键之年，由北京市华都峪口禽业有限责任公司自主培育的京红1号高产蛋种鸡首次出口坦桑尼亚1.55万套，实现了我国种鸡出口“零的突破”，目前鸡群产蛋率已达到90%以上。

2023年9月，第三十届中国北京种业大会在通州区于家务国际种业科技园区成功举办。该次大会突出国际化元素、引领性成果、务实性办会，全面彰显了“种业振兴、北京先行”的使命担当，巩固了“种业之都”的重要地位。

第七章　蛋鸡种业发展展望

一、整合多学科资源，强化科技创新对蛋鸡产业支撑力度

智能数字化育种技术引入农业领域代表着第四次农业革命。未来育种的新范式是基因组学、基因编辑、合成生物学等生物技术（BT）与数据科学、机器学习、人工智能等信息技术（IT）的多元化融合。具体攻关内容包括深入解析重要新性状调控机制，鉴定有育种价值基因资源；创建饲料转化率、蛋品质等蛋鸡重要性状表型规模化精准测定技术，并综合利用物联网、互联网和大数据技术进行智能设备的集成，实现蛋鸡不同代次生长、生产、品质、福利性状数据的自动采集；优化智能化的家禽育种管理系统，设计高效算法，实现多维度育种数据的智能分析；构建性别决定与性别控制等颠覆性新技术，实现蛋鸡单性别制种，提高制种效率和动物福利；提高基因组选择等高效育种技术的覆盖度。随着育种进入大数据时代，利用物联网技术实现大部分表型数据的智能化高效采集将成为现代家禽育种企业的标配。

二、瞄准多元化需求，调整选育重点，强化自主育种优势

我国居民的饮食需求多元化特征明显，随着生活水平的提高，对优质产品需求也不断提升。粉壳蛋、绿壳蛋深受偏爱，优质特色淘汰老母鸡价值也是蛋鸡产业盈利的重要增长点。在育种端，则需对培育的品种明确市场定位。我国种质资源丰富，自主育种的优势就是可以更好地针对本国国情和民众消费喜好设计育种。随着土地资源的不断减少和饲料成本的不断上涨，延长蛋鸡饲养周期从而平衡育雏阶段的饲养费用成为提高蛋鸡行业效益的关键，因此在高产型蛋鸡品种上，培育超长产蛋期品种对未来中国蛋鸡种业发展具有重要意义，加强对饲料转化率和健康等性能指标的选育；针对优质型鸡蛋需求，应注重培育蛋品质优的品种专门用于品牌蛋生产，注重耐储存、不易产生水印霉斑、蛋形好、蛋重适中等优点，同时建立优质鸡蛋标准。兼顾淘汰鸡品质选育，挖掘特色优质蛋鸡溢价空间。

三、提升国际竞争力，促进国产品种走出国门

2023 年，我国自主培育的京红 1 号高产蛋种鸡顺利出口坦桑尼亚。当前，我国蛋鸡种业要创造和把握走出国门的机遇。蛋鸡种业是最有希望率先走出国门打入国际市场的民族种业，尤其在“一带一路”共建国家更处于引领地位。育种企业需要在提升配套养殖技术的标准化程度、提高推广服务水平等方面强化工作力度，以充分稳定发挥品种性能。在加快形成“以国内大循环为主体、国内国际双循环相互促进的新发展格局”的背景要求下，一方面使国内市场占有率稳中求升，另一方面呼吁政府应当予以特别关注和政策引导，助力我国蛋鸡育种企业和成果走出国门。

肉鸡篇

第一章　发展概况

2023 年，我国肉鸡种源供给总体充足，黄羽肉鸡和小型白羽肉鸡种源完全自主可控，白羽肉鸡国产品种市场占有率大幅提升，肉鸡种业加快发展。

资源保护方面。全面完成了第三次普查，涵盖 279 个鸡品种及配套系。其中，地方品种 133 个，培育品种及配套系 106 个，引入品种及配套系 40 个；肉用型 115 个，蛋用型 43 个，兼用型 121 个。完成 126 个地方鸡品种的血液采集，为分子身份证构建打下基础。建立国家级保种场 31 个、基因库 3 个，省级保种场 122 个、基因库 20 个和保护区 2 个。[①]70% 以上的地方鸡品种得到了开发和利用，成效明显。

创新攻关方面。品种配套系性能显著提升，白羽肉鸡国产品种和黄羽肉鸡进展明显，小型白羽肉鸡性能维持稳定，但屠体和肉品质有提升。天露黄鸡 2 号、温氏麻黄鸡 3 号、和盈黑鸡、河东 1 号肉鸡和岭南黄鸡 5 号 5 个新配套系进入品种审定程序，培育的快速型黄脚麻、加工型新品种雪山黑鸡和双莲鸡等 3 个配套系正在开展性能测定。育种技术多方面创新，成功研发肉鸡表型智能化测定设备，研发 10 款自主基因芯片，基因组育种值评估方法升级。

企业扶优方面。3 家白羽肉鸡破难题阵型企业加大科技创新投入，提高料肉比、抗病力和肉品质等生产性能，加大推广应用力度，自主培育的沃德 188 白羽肉鸡父母代种鸡出口坦桑尼亚。10 家黄羽肉鸡强优势阵型企业持续引进先进育种技术，将基因组选择、基因编辑、智能表型精准测定等技术手段应用于黄羽肉鸡育种。

基地提升方面。2023 年新增国家肉鸡核心育种场 3 个，新增国家肉鸡良种扩繁推广基地 3 个，截至 2023 年年底，国家肉鸡核心育种场 23 家、良种扩繁基地 21 家。7 个省共遴选 23 个省级核心育种场、9 个良种扩繁基地，核心种源保障能力进一步提高。

---

① 我国大部分鸡地方品种资源为肉蛋兼用型，第三次普查未对其做明确区分，因此相关数据重复度较高。

第二章　肉鸡遗传资源保护和利用

一、全面完成了第三次普查

（一）摸清了我国鸡遗传资源最新家底

掌握了最近 15 年来我国鸡种的演变趋势和消长变化。据第三次普查，我国现有 279 个鸡品种及配套系，约占全球登记鸡品种数量的 19.7%，是世界上鸡遗传资源多样性最丰富的国家。按品种类型分，地方品种 133 个，培育品种及配套系 106 个，引入品种及配套系 40 个；按经济类型分，肉用型 115 个，蛋用型 43 个，兼用型（含观赏及具有药用价值）121 个。

与第二次调查相比，地方品种数量由 107 个增至 133 个，培育品种及配套系由 44 个增至 106 个，引入品种及配套系由 37 个增至 40 个。究其原因，一是普查区域全覆盖，覆盖除台湾及 2 个特别行政区之外的 31 个省（区、市），“进村入户”逐个统计，尤其解决了长期以来青藏高原区鸡遗传资源信息收集不全面、不系统的问题，新发现了一批珍稀地方品种；二是该阶段我国国民经济和家禽产业高速发展，大大促进了品种资源的创新利用，涌现出一批适合多元化市场需求的优良品种及配套系。

（二）鉴定了一批珍稀新发现资源

2023 年，8 个新发现资源通过国家畜禽遗传资源委员会鉴定，进一步丰富了我国鸡遗传多样性。[①]其中，徐海鸡具有拳头鸡、鸽子蛋、毛脚及母鸡长距的特征；粤西卷羽鸡和修水黄羽乌鸡羽毛卷曲外翻，散热性能好，适应热带亚热带高温气候；儋州鸡体型小，适应热带岛屿生态气候条件；羌山云朵鸡、维西傈家乌鸡等对高山峡谷及高海拔特殊生态适应能力极强；黑水凤尾鸡羽色艳丽；平武红鸡的红羽、羌山云朵鸡的“熊猫羽”较为少见。

（三）掌握了我国鸡遗传资源濒危状况

依据第三次普查和《家禽遗传资源濒危等级评定》（NY/T2996—2016），对我国家禽遗传资源的

① 我国大部分鸡地方品种资源为肉蛋兼用型，第三次普查未对其做明确区分，因此相关数据重复度较高。

濒危状况进行了科学评估，6 个品种存在消失灭绝风险。

（四）掌握了我国鸡遗传资源分布最新状况

我国地方鸡种分布范围广，覆盖 29 个省级行政区，云南、四川和江西 3 省拥有地方鸡品种最多。60% 以上的品种存在跨省（区、市）分布，其中跨省（区、市）数量较多的品种有丝羽乌骨鸡、东乡绿壳蛋鸡、汶上芦花鸡、矮脚鸡、清远麻鸡、文昌鸡等，一些引入品种或配套系（贵妃鸡、爱拔益加等）跨省（区、市）分布也较为普遍。还有一些地方品种由于受到商业化品种的冲击，分布区域逐渐缩小，仅在原产地或中心产区有少量分布，如东安鸡、独龙鸡、兰坪绒毛鸡等。

（五）首次建立了全国鸡遗传资源特征特性库

与国外品种相比，我国地方鸡遗传资源包含众多优良性状，不仅呈现出鲜明的体型外貌特征，而且在产肉、产蛋、肉质风味、节粮、适应性与抗病力等方面呈现独特的优势，适应了不同地区对产品的多元化需求。第三次普查全面系统调查、测定了鸡遗传资源的体型外貌、生长发育、体尺、屠宰、蛋肉品质和繁殖等，涵盖 7 大类性状、100 多个指标，尤其是大部分品种资源的饲料转化率和肉品质指标为首次测定，建立了全国鸡遗传资源特征特性库，更全面地揭示了品种资源特征特性，为挖掘利用优异基因资源提供了基础。

二、全面推进鸡遗传资源精准鉴定

第三次普查同步开展了鸡遗传资源精准鉴定，通过全基因组遗传变异检测，利用选择信号分析和机器学习决策树类模型获取各品种特征性 SNP 位点信息，利用分类算法结合品种特征性 SNP 构建适用于所有品种的分子身份证模型，实现品种的精准鉴定。2023 年完成了 126 个地方鸡品种，共 6 300 个体的血液采集。①

以地方鸡种为素材，通过构建泛基因组并综合多种技术手段，新鉴定挖掘了生长性状主效基因 *IGF2BP1*、无尾性状基因 *RUM* 在内的多个功能基因及关键位点，推进了地方鸡遗传资源的创新利用。

三、全面落实分级保护制度

（一）基本构建完成国家级鸡遗传资源保护体系

根据分级保护和珍贵、稀有、濒危、重点性状原则，农业农村部确定了国家级鸡保护品种 28 个。新建设贵州矮脚鸡、四川金阳丝毛鸡和福建闽清毛脚鸡 3 个国家级保种场，截至 2023 年年底共建设国

---

① 我国大部分鸡地方品种资源为肉蛋兼用型，第三次普查未对其作明确区分，因此相关数据重要度较高。

家级保种场 31 个、基因库 3 个，首次实现了国家级保护品种全覆盖。静原鸡、惠阳胡须鸡和大骨鸡 3 个品种因分布区域存在跨省（区、市）或群体类型有差异，同时建有 2 个国家级保种场。3 个国家鸡种活体基因库共保存地方品种 46 个，备份保存了约 75% 的国家级保护品种，与保种场形成了“双保险”。全国畜牧总站承建的国家家畜基因库，保存了 195 个地方家禽品种的血液样品 1 万余份。

（二）省级保护体系建设加快推进

截至 2023 年年底，各地遴选确认省级保种场 122 个、基因库 20 个和保护区 2 个，保护品种 95 个，保护率达 84%。多个省（区、市）还实行了“多点保护”，在品种原产地及周边主要分布区同时建有多个省级保种场，如海南建有 2 个文昌鸡保种场，四川凉山崖鹰鸡和云南大围山微型鸡 2 个品种因分布区域极为闭塞，当地在美姑县、屏边县分别建有省级保护区。基因库保种蓬勃发展，云南、山东、广西、贵州、湖南、陕西等 13 个省（区、市）建有省级鸡基因库 20 个，对地方鸡种收集、保存和研究利用具有重要意义。

（三）抢救性保护专项行动全面启动

针对 6 个濒危鸡品种，制定了《濒危畜禽品种抢救性保护方案（2022—2026 年）》，由农业农村部种业管理司牵头，地方积极配合，及时组织落实“一品一策”保护方案，在原产地采取临时性保护措施，确认保护主体，并组织国家级基因库进行备份。各省加大品种保护力度，通过制定相关政策和增加资金投入，确保保种效果。6 个濒危品种得到保护，保种群数量得到恢复性增长。如湖南通过本地收集、异地签约保种方式，建设临时性保种场开展扩繁，东安鸡群体数量已恢复至 8 000 多只。福建引导并确定漳州市芗城区漳州斗鸡繁育协会和漳州诸葛农业科技有限公司共同作为保种主体，漳州斗鸡种群数量不断扩大。①

（四）开发利用成效明显

据第三次普查，70% 以上的地方鸡品种得到了开发和利用，30% 的地方品种用于培育新品种（配套系），促进了中国特色黄羽肉鸡产业发展。北京油鸡、清远麻鸡、溧阳鸡等 100 多个地方鸡种被认定为地理标志产品，形成相对完善的产业链，通过产业化开发，加快促进资源优势向产业优势、经济优势转变，在推进区域特色产业发展、打造特色品牌、助力乡村振兴等方面发挥了重要作用。

---

① 我国大部分鸡地方品种资源为肉蛋兼用型，第三次普查未对其作明确区分，因此相关数据重复度较高。

第三章 肉鸡种业创新攻关

一、遗传改良计划进展明显

（一）品种配套系性能进展显著

白羽肉鸡国产品种的生产性能得到持续提升。在生长性能方面，出栏体重（42 日龄，下同）：公鸡 3 126 克、母鸡 2 693 克，比 2022 年分别增加了 159 克和 80 克；料重比：公鸡 1.52、母鸡 1.54，比 2022 年分别降低了 0.1 和 0.08；存活率：公鸡 96.5%，比 2022 年提高了 1.02%，母鸡 97.0%，与 2022 年持平。在孵化性能方面，受精蛋孵化率 94%，比 2022 年提高了 2.5%；65 周产蛋数 184.7 个，比 2022 年提高了 2.3 个。在屠宰性能方面，与 2022 年相比，屠宰率基本一致，但在腿肌率和腹脂率上有明显进展，腿肌率提高了 1.47%，腹脂率降低了 1.3%。

黄羽肉鸡的生长效率和繁殖性能遗传进步明显。在出栏体重无明显差异的情况下，快速型黄羽肉鸡 2023 年的出栏日龄为 60.3 天，比 2020 年减少 1.9 天；成活率达 95.6%，比 2020 年提高 0.5 个百分点。中速型黄羽肉鸡出栏日龄为 75.5 天，比 2020 年减少 1.5 天；出栏体重 2 045.4 克，比 2020 年提高 176 克；料重比 2.61，比 2020 年降低 0.11；成活率达 95.8%，比 2020 年提高 1.3 个百分点；66 周产蛋数 180.3 个，比 2020 年提高 3.2 个。在出栏体重保持不变的情况下，慢速型黄羽肉鸡出栏日龄为 105.4 天，比 2020 年缩短 2 天；成活率达 96.7%，比 2020 年提高 2.2 个百分点；66 周产蛋数 184.2 个，比 2020 年提高了 4.5 个。

小型白羽肉鸡近几年市场占有率不断提升，性能基本维持稳定，屠体和肉品质有提升。2023 年腹脂率：公鸡 1.80%、母鸡 3.05%，比 2020 年分别降低了 0.56 个百分点和 0.52 个百分点；肌肉系水力：公鸡 61.65%，母鸡 58.05%，比 2020 年分别提高 10.41 个百分点和 7.63 个百分点。

（二）遗传评估平台建设情况

江苏省家禽科学研究所启动建设鸡（含特种家禽）遗传评估中心，目前正在制定育种数据和性状测定规范，构建育种信息数据库，研发遗传评估应用平台。

中国农业大学动物科技学院建设的国家鸡（含特种家禽）遗传评估中心，在遗传评估中整合纯种、杂种信息，提出基于育繁推一体化育种体系的畜禽遗传评估新方法，编写纯种和杂种混合群体遗传评估软件，提高纯种遗传评估和杂种优势预测的准确性，高效利用繁育体系的大规模杂种群体信息，从而对终端商品代目标性状进行直接选择，精准评估育繁推产业链中遗传进展的传递过程。在遗传评估理论上具有创新性，且核心算法和软件具有完全自主知识产权。

上海市农业科学院建立的国家家禽工程技术研究中心，搭建了专用遗传评估服务器进行遗传参数的计算和统计。目前遗传评估处于静态评估阶段，即每隔一段时间，将采集到的数据整理之后进行一次参数计算。动态遗传评估平台正在建设，建成后可掌握个体和家系整个世代遗传参数信息的变化规律，更加准确的进行选育。

河南建成包含种鸡全基因组遗传评估系统的种畜禽全基因组遗传评估平台，平台由数据管理、数据分析、数据报告、系统管理及平台管理等五大模块构成，具备种畜禽生产数据查询、存储和管理功能。运用全基因组选择方法进行遗传评估，可指导企业实施精准选育，促进种畜禽基因组数据的高效利用，加速种畜禽育种进程，提高育种效率和供种质量。

此外，广东、广西、四川等省（区、市）积极推进肉鸡遗传评估平台建设工作。

二、部省联动推进肉鸡育种联合攻关

（一）白羽肉鸡育种联合攻关进展显著

2023年6月，广明2号、圣泽901和沃德188入选农业农村部2023年农业主导品种。2023年6月16日，坦桑尼亚引进沃德188父母代种鸡，我国实现种鸡出口零的突破。2023年12月，圣泽901育种能力持续提升，料重比、产蛋率、生长速度、成活率4项指标全部达到国际同等水平。广明2号通过2023年的选育，商品鸡FCR降低0.02~0.03，父母代60周产蛋数提高4~6个，其各项指标均已达到预定要求，全年父母代种鸡推广量累计250万套；“广明2号新种源创制与基因组育种技术体系构建”获得北京市科技进步奖一等奖。

（二）九省实施肉鸡育种联合攻关计划

全国各地高度重视肉鸡育种联合攻关工作，围绕白羽肉鸡和黄羽肉鸡的遗传创新和育种技术提升，从联合攻关实施方案的发布、种业创新平台的搭建、育种攻关项目的启动、联合攻关资金的安排等，全方位提供支持保障，共同推进肉鸡育种联合攻关。2023年，九省启动或继续实施省级肉鸡育种联合攻关计划，打造育种联合攻关平台4个，投入资金1 900万元以上，启动攻关项目5项。

广东强化部省协同，推动育种联合攻关创新平台不断优化，承担白羽肉鸡国家畜禽育种联合攻关任务，并对具有种源优势的黄羽肉鸡品种实施省级育种联合攻关。安排资金1 000万元用于广东白羽肉鸡种业创新园建设，200 万元用于白羽肉鸡新品种推广，打造白羽肉鸡国家品牌。

江西实施丝羽乌骨鸡育种联合攻关，组建了由省农业科学院牵头的家禽种业科技创新联合体，与浙江大学合作建立泰和乌鸡产业技术联合研究中心，开展系列产学研合作和育种攻关项目，并列入国家重要特色物种育种联合攻关计划。

三、大力推进新品种配套系培育

在白羽肉鸡品种选育方面，圣泽 901、沃德 188 和广明 2 号 3 个品种在表型活体智能化测定设备研发、育种芯片和基因组育种技术研发应用等方面取得了明显进展，饲料转化率和产蛋性能得到持续提升，国产品种市场竞争力提高。黄羽肉鸡育种按照产业转型升级的要求，调整选育目标，培育符合市场需求的配套系。例如针对天露黄鸡配套系父系开展腹脂率选育工作，使其腹脂率降低了 45.6%，同时提高了饲料利用率和屠宰性能；提高了温氏青脚麻鸡 2 号配套系的屠体美观度和均匀度，改善了母系种鸡的繁殖性能；改进了金陵花鸡配套系的饲料转化率、屠宰性能和产蛋性能。

截至 2023 年年底，通过国家畜禽遗传资源委员会审定的肉鸡配套系 71 个，其中快大型白羽肉鸡配套系 3 个、小型白羽肉鸡配套系 3 个和黄羽肉鸡配套系 65 个。

四、育种技术多方面创新

（一）表型智能化测定技术研发

2023 年，我国成功研发肉鸡表型智能化测定设备，包括针对肉鸡皮肤毛囊、胫围、料肉比、屠体性状、品种鉴定的专用设备，以及具有激光雷达导航能力的第三代巡检机器人，这些设备能为鸡群活动和生长状态提供实时监测预警。同时研发出活体无创测定技术，用于精确检测体脂率、腿形指数和翅形指数，以及深度学习模型支持的无接触式体重评估技术，提升育种数据采集的精度和效率，为肉鸡精准高效育种提供有力支持。

（二）育种芯片研发

2023 年，我国肉鸡分子育种领域取得突破，成功研发出 10 款自主基因芯片。按功能可分两类：一是针对地方鸡遗传资源的鉴定、评价和保护，包括神农 1 号、皖优一号、粤源一号、广芯 1 号、广芯 2 号、粤芯一号和粤芯 2 号；二是侧重于品种培育、品种改良及特定性状选育，包括湘芯一号、苏芯一号、立华 1 号。

（三）基因组育种值评估方法升级

2023 年，在肉鸡基因组选择方面搭建了繁殖、饲料效率等性状的基因组选择技术，构建和优化基于深度机器学习的饲料效率性状育种值估计算法，使用该模型预测的准确率可提高 8.2%~15.4%。建立基于产蛋曲线的表型填充优化和产蛋性状基因组育种值估计优化方案，使产蛋数育种值评估准确性从 0.381 提高到 0.393，准确率提高 3.15%。

（四）大数据育种技术创新体系研发

2023 年，我国在肉鸡大数据育种技术创新方面取得进展，促进了分子育种技术的推广应用。中国农业科学院北京畜牧兽医研究所构建的肉鸡育种大数据平台，获得基因组、表观组、转录组和代谢组学等多组学数据量超过 300 TB。华南农业大学开发的黄羽肉鸡基因组大数据育种平台，集成了基因组和表型组数据储存和可视化、系谱记录与分析、育种值计算、基因型分析、个体和家系选育等功能，总数据量超过 150 TB。

（五）基因编辑技术研发

2023 年，我国的肉鸡基因编辑技术提升了基因编辑效率和应用范围。开发的铁纳米化组装 CRISPR/Cas9-RNP 氧化还原递送技术，可以高效地实现细胞质 / 核递送（约 90%），提高基因编辑效率（约 70%），同时将脂质体转染引起的细胞毒性降低 60% 以上，为精准基因编辑提供了高效、低毒的递送方案。基于鸡原始生殖细胞（PGCs）的基因编辑平台及相关技术体系的构建，通过挖掘影响 PGCs 自我更新的核心细胞群和新的信号通路，添加小分子化合物调控这些信号通路，提升了鸡 PGCs 体外建系效率至 57%，基本接近最先进的英国罗斯林研究所的水平（61%）。基因修饰 PGCs 的体外操作和培养时间从 60 天缩短至 20 天，大幅度提高了研究和应用效率。

第四章　肉鸡种业企业扶优

一、继续推进种业振兴行动

2023 年，农业农村部持续推进种业振兴行动，鼓励科技创新，提供资金支持，推动高新技术在肉鸡种业中的应用，加强知识产权保护和市场监管，完善政策和监管框架。我国肉鸡企业育种创新能力和市场竞争力不断增强，为高质量推进种业振兴提供了有力支撑。

各省积极谋划支持政策，通过建立与国家阵型企业“一对一”联系机制、推出优势特色农业产业科技支撑行动计划、组建种业金融扶持对接平台等一系列新举措新行动解决企业实际问题，提高肉鸡种业创新能力。四川、河南等 14 个省（区、市）组建省级种业集团，探索培育本地乃至全国种业领军企业；江苏安排 3.78 亿元支持种业企业与高校、科研院所合作共同承担“揭榜挂帅”项目；辽宁制定《2023 年推进种业企业发展工作方案》，加快国产白羽肉鸡品种推广。

二、肉鸡种业阵型企业建设进展

肉鸡阵型企业是肉鸡产业的先锋军，目前从全国遴选出白羽肉鸡破难题阵型企业 3 家，黄羽肉鸡强优势阵型 10 家（表 6–1），构建了国家肉鸡种业阵型企业。

表 6–1　国家肉鸡种业阵型企业

禽种	企业名称	企业类型	省（区、市）
白羽肉鸡	北京沃德辰龙生物科技股份有限公司	破难题阵型	北京
白羽肉鸡	福建圣农发展股份有限公司	破难题阵型	福建
白羽肉鸡	佛山市高明区新广农牧有限公司	破难题阵型	广东

续表 6–1

禽种	企业名称	企业类型	省（区、市）
黄羽肉鸡	江苏立华牧业股份有限公司	强优势阵型	江苏
黄羽肉鸡	山东益生种畜禽股份有限公司	强优势阵型	山东
黄羽肉鸡	河南三高农牧股份有限公司	强优势阵型	河南
黄羽肉鸡	温氏食品集团股份有限公司	强优势阵型	广东
黄羽肉鸡	佛山市高明区新广农牧有限公司	强优势阵型	广东
黄羽肉鸡	广东天农食品集团股份有限公司	强优势阵型	广东
黄羽肉鸡	广东墟岗黄家禽种业集团有限公司	强优势阵型	广东
黄羽肉鸡	广东省广弘食品集团有限公司	强优势阵型	广东
黄羽肉鸡	广西金陵农牧集团有限公司	强优势阵型	广西
黄羽肉鸡	广西参皇养殖集团有限公司	强优势阵型	广西

2023 年，支持新建国产白羽肉鸡育种和扩繁基地，加大科技创新投入，提高料肉比、抗病力和肉品质等生产性能，加大推广应用力度，努力打造国产白羽肉鸡种源优势。自主培育的沃德 188 白羽肉鸡父母代种鸡出口坦桑尼亚，对促进畜禽种业高质量发展和提高我国种业国际影响力具有重要意义。

我国在黄羽肉鸡育种方面保持较强优势，如江苏立华牧业股份有限公司、温氏食品集团股份有限公司、广东天农食品集团股份有限公司、佛山市高明区新广农牧有限公司等强优势阵型企业持续引进先进育种技术，将基因组选择、基因编辑、智能表型精准测定等技术手段应用于黄羽肉鸡育种，培育的天露黄鸡、雪山鸡、花山鸡、新广铁脚麻鸡等国内主导品种，具有生长快、高产、优质、抗逆性强、饲料报酬高等优势。

在小型白羽肉鸡新品种培育和市场推广方面取得突破。如山东益生种畜禽股份有限公司培育的益生 909 小型白羽肉鸡生长性能稳定，经济效益显著，市场占有率稳步提升，2023 年推广量达 0.8 亿只，同比增长 0.5%。广弘食品集团有限公司培育的广弘 3 号小型白羽肉鸡进入性能测定和饲养验证阶段。

三、龙头企业平稳发展

近年来，我国涌现了一批从事肉种鸡产业的国家级龙头企业（表 6–2）。2023 年，这些龙头企业集要素、技术、资本优势，通过创新育种技术、转变生产模式、控制生产成本、提高生产效率、强化技术服务等，进一步巩固行业龙头地位，持续引领带动肉鸡产业发展。其中，温氏食品集团股份有限公司全年出栏肉鸡 11.8 亿只，创历史新高，同比增加 10%，处于行业领先地位。山东益生种畜禽股份有限公司加大科研投入，持续开展良种繁育、种源性疫病净化等，扩大生产规模，强化技术服务，不断提高市场份额。江苏立华牧业股份有限公司销售黄羽肉鸡 4.57 亿只，同比增长 12.2%。

表 6-2　国家级肉鸡种业龙头企业情况

序号	公司名称	所在省（区、市）	企业类型	是否上市
1	崇仁县国品麻鸡发展有限公司	江西	国家级领军企业	否
2	海南传味文昌鸡产业股份有限公司	海南	国家级领军企业	是
3	江苏立华牧业股份有限公司	江苏	国家级领军企业	是
4	温氏食品集团股份有限公司	广东	国家级领军企业	是
5	河北飞龙家禽育种有限公司	河北	国家级领军企业	否
6	江苏京海禽业集团有限公司	江苏	国家级领军企业	否
7	山东益生种畜禽股份有限公司	山东	国家级领军企业	是
8	河南三高农牧股份有限公司	河南	国家级领军企业	否
9	江苏京海禽业集团有限公司	江苏	国家级领军企业	否
10	河北康达畜禽养殖有限公司	河北	国家级领军企业	否
11	湖南天柱山禽业股份有限公司	湖南	国家级领军企业	否

四、企业发展模式

在模式转变方面，温氏食品集团股份有限公司产业模式由“公司＋农户”转变为“公司＋养殖农场”，联农带农富农作用明显。江苏立华牧业股份有限公司采用“公司＋基地＋农户”的模式，使农户可以在家乡创业，减少资金投入和养殖风险，同时提供统一的技术指导和销路支持，提高了肉鸡生产效率和养殖收益。福建圣农发展股份有限公司实行“自育、自繁、自养、自宰、深加工”模式，构建企业可持续发展的绿色循环经济产业链。

在产学研合作方面，温氏食品集团股份有限公司与华南农业大学建立战略合作关系，推动肉鸡基因组育种、饲料配方优化和疫病防控等技术的发展。江苏立华牧业股份有限公司与扬州大学、江苏省农科院等高校和研究机构建立深度合作。福建圣农发展股份有限公司圣农研究院与国内大学合作，2023 年利用高通量全基因组测序和多组学数据构建新型精准基因组选择育种模型，加快育种进程，提高遗传进展，优化圣泽 901 配套系综合性能，加快实现国产化替代和种业科技自立自强。

第五章　肉鸡种业基地提升

一、良种繁育体系建设

2023 年全国共有肉种鸡场 1 409 个，其中祖代及以上 192 个，比 2022 年增加 1 个，年末祖代种鸡存栏量 797.5 万套，比 2022 年减少 36.5%；全年供应白羽和黄羽种鸡 13 942.5 万套，年末祖代种鸡场平均存栏量 4.2 万套，比 2022 年降低 36.4%（表 6–3）。从地域分布来看，祖代肉种鸡存栏量前五位的省（区）依次为广西、广东、江苏、云南和安徽，五省（区）2023 年年末存栏量占全国的 57.0%。

2023 年全国拥有肉鸡父母代场 1 217 个，比 2022 年增加 50 个，年末父母代种鸡存栏量 10 806.9 万套，比 2022 年减少 5.0%，年末父母代种鸡场平均存栏量 8.9 万套，比 2022 年减少 9.2%。从地域分布来看，父母代肉种鸡存栏量前五位的省（区）依次为山东、辽宁、广西、广东和江苏，五省（区）2023 年年末存栏量占全国的 59.4%。

表 6–3　全国肉种鸡场数量和种鸡存栏量

年度	肉种鸡场 / 个	祖代及以上场 / 个	父母代场 / 个	祖代年末存栏量 / 万套	父母代年末存栏量 / 万套	种鸡年末总存栏量 / 万套	祖代场平均存栏量 / 万套	父母代场平均存栏量 / 万套
2018	1 195	136	1 059	869.9	8 288.5	9 158.4	6.4	7.8
2019	1 261	166	1 095	764.1	9 485.5	10 249.6	4.6	8.7
2020	1 256	152	1 104	699.8	9 130.1	9 829.9	4.6	8.3
2021	1 306	189	1 117	1 207.6	9 923	11 130.6	6.4	8.9
2022	1 358	191	1 167	1 255.3	11 381.1	12 636.4	6.6	9.8
2023	1 409	192	1 217	797.5	10 806.9	11 604.4	4.2	8.9

二、国家核心育种场建设情况

（一）国家级核心育种场建设情况

2023 年，新增 3 个国家肉鸡核心育种场：北京市华都峪口家禽育种有限公司（小曹庄鸡场）、广东智威农业科技股份有限公司英德分公司和广西凤翔集团股份有限公司。新增 3 个国家肉鸡良种扩繁推广基地：山西大象农牧集团有限公司、广西凤翔集团股份有限公司、广西园丰牧业集团股份有限公司。截至 2023 年年底，国家肉鸡核心育种场 23 家（表 6–4）、良种扩繁基地 21 家（表 6–5），肉鸡育种“国家队”进一步壮大，核心种源保障能力进一步提高。

表 6–4　国家肉鸡核心育种场

所在省（区、市）	单位名称	主推品种 / 配套系
北京	北京市华都峪口家禽育种有限公司（小曹庄鸡场）	沃德 188 肉鸡配套系
江苏	江苏省家禽科学研究所科技创新有限公司	邵伯鸡配套系
江苏	江苏立华育种有限公司	雪山鸡、花山鸡配套系
浙江	浙江光大农业科技发展有限公司	光大梅黄 1 号肉鸡配套系
河南	河南三高农牧股份有限公司	三高青脚黄鸡 3 号配套系
广东	广东温氏南方家禽育种有限公司	温氏矮脚黄鸡、温氏天露黄鸡配套系
广东	广东天农食品集团股份有限公司	天农麻鸡配套系
广东	广东金种农牧科技股份有限公司	金种麻黄鸡配套系
广东	广州市江丰实业股份有限公司（福和种鸡场）	江村黄 JH–2、JH–3、金钱麻鸡配套系
广东	佛山市高明区新广农牧有限公司	新广铁脚麻、新广 K996 麻系配套系
广东	佛山市南海种禽有限公司	南海黄麻鸡 1 号
广东	广东墟岗黄家禽种业集团有限公司	墟岗黄鸡 1 号配套系
广东	江门科朗农业科技有限公司	科朗麻黄鸡配套系
广东	广东智威农业科技股份有限公司英德分公司	岭南黄鸡Ⅱ号配套系、岭南黄鸡 3 号配套系
广东	佛山市高明区新广农牧有限公司（弥勒新广农牧科技有限公司育种场）	广明 2 号白羽肉鸡
广西	广西金陵农牧集团有限公司	金陵花鸡、金陵麻鸡、金陵黄鸡配套系
广西	广西鸿光农牧有限公司	鸿光黑鸡、鸿光麻鸡配套系
广西	广西参黄养殖集团有限公司	参黄鸡 1 号配套系

续表 6-4

所在省（区、市）	单位名称	主推品种 / 配套系
广西	广西凤翔集团股份有限公司	凤翔青脚麻鸡、凤翔乌鸡
海南	海南罗牛山文昌鸡育种有限公司	潭牛鸡
四川	四川大恒家禽育种有限公司	大恒 699 肉鸡、大恒 799 肉鸡
四川	眉山温氏家禽育种有限公司（双红育种场）	温氏青脚麻鸡 2 号
福建	福建圣泽生物科技发展有限公司	圣泽 901 白羽肉鸡

表 6-5　国家肉鸡良种扩繁推广基地

所在省（区）	单位名称	主推品种 / 配套系
河北	河北飞龙家禽育种有限公司	爱拔益加父母代
江苏	江苏立华牧业股份有限公司	雪山鸡、花山鸡
江苏	江苏京海禽业集团有限公司	京海黄鸡、爱拔益加父母代和商品代
福建	福建圣农发展股份有限公司	圣泽 901
山东	山东益生种畜禽股份有限公司	利丰父母代种鸡、哈伯德父母代、商品代
湖南	湖南湘佳牧业股份有限公司	石门土鸡
广东	广东温氏南方家禽育种有限公司	新兴矮脚黄鸡、新兴黄鸡 2 号、新兴竹丝鸡 3 号、新兴麻鸡 4 号、天露黑鸡、天露黄鸡、温氏青脚麻鸡 2 号
广东	江门科朗农业科技有限公司	科朗麻黄鸡
广东	广东天农食品集团股份有限公司	清远鸡
广东	广州市江丰实业股份有限公司	江村黄鸡
广东	佛山市南海种禽有限公司	南海黄麻鸡 1 号、弘香鸡
广东	广东墟岗黄家禽种业集团有限公司	墟岗黄鸡 1 号
广西	隆安凤鸣农牧有限公司	金陵黄鸡、金陵麻鸡种苗
广西	广西鸿光农牧有限公司	鸿光黄鸡、鸿光麻鸡
海南	海南罗牛山文昌鸡育种有限公司	文昌鸡
云南	玉溪新广家禽有限公司	新广青脚（铁脚）麻鸡、新广黄鸡 K996、广明 2 号白羽肉鸡
黑龙江	哈尔滨鹏达种业有限公司	爱拔益加
安徽	安徽华栋山中鲜农业开发有限公司	皖南三黄鸡

续表 6–5

所在省（区）	单位名称	主推品种 / 配套系
山西	山西大象农牧集团有限公司	圣泽 901 白羽肉鸡
广西	广西凤翔集团股份有限公司	凤翔青脚麻鸡、凤翔乌鸡
广西	广西园丰牧业集团股份有限公司	广西麻鸡、园丰麻鸡 2 号

（二）省级核心育种场建设情况

为进一步加快肉鸡品种遗传改良进展，肉鸡产业优势省陆续开展了省级肉鸡核心育种场和良种扩繁推广基地的遴选建设工作。目前，山东、安徽、河南、广东、四川、海南和江西 7 个省共遴选 23 个省级核心育种场、9 个良种扩繁基地（表 6–6），进一步完善了我国肉鸡良种繁育体系。

表 6–6　省级肉鸡核心育种场和良种扩繁推广基地

遴选年份	省	单位名称	类型
2023	山东	山东益生种畜禽股份有限公司莱州分公司	核心育种场
2023	山东	山东纪华家禽育种股份有限公司	核心育种场
2023	山东	诸城外贸有限责任公司祖代种鸡场	良种扩繁推广基地
2023	安徽	安徽健朗畜禽育种有限公司	核心育种场
2023	安徽	安徽标王农牧股份有限公司	核心育种场
2023	安徽	安徽省新联禽业股份有限公司	核心育种场
2023	安徽	安徽木子农牧发展有限公司	核心育种场
2023	安徽	安徽荣达禽业股份有限公司	核心育种场
2023	安徽	安徽华栋山中鲜农业开发有限公司	核心育种场
2022	广东	佛山市高明区新广农牧有限公司	核心育种场、良种扩繁基地
2022	广东	广州市江丰种业科技有限公司	核心育种场、良种扩繁基地
2022	广东	广东天农食品集团股份有限公司	核心育种场、良种扩繁基地
2022	广东	广东温氏南方家禽育种有限公司（阳山场、蚕田场）	核心育种场、良种扩繁基地
2022	广东	佛山市南海种禽有限公司	核心育种场
2022	广东	广东智威农业科技股份有限公司英德分公司	核心育种场

续表 6-6

年份	省	单位名称	类型
2022	广东	珠海市裕禾农牧有限公司	良种扩繁推广基地
2022	广东	台山市河东禽业有限公司	良种扩繁推广基地
2017	四川	四川天冠生态农牧有限公司	核心育种场
2018	四川	万源市恒康农业开发有限公司	核心育种场
2018	四川	眉山温氏家禽育种有限公司	核心育种场
2020	四川	茂县九顶原生态畜禽养殖有限责任公司汶川分公司	核心育种场
2023	四川	四川四海三联农业开发有限公司	核心育种场
2023	海南	海南罗牛山文昌鸡育种有限公司	核心育种场
2023	海南	海南传味文昌鸡产业股份有限公司	核心育种场
2023	江西	江西省惠大实业有限公司	核心育种场
2023	江西	崇仁县国品麻鸡发展有限公司	核心育种场
2023	江西	泰和县西昌凤翔禽业有限公司	良种扩繁推广基地
2023	江西	宁都县麒麟禽业有限公司	良种扩繁推广基地

三、肉鸡种业产业园区建设进展

目前，建设内容含有肉鸡种业的国家现代农业产业园区有2家：广东清远市清城区现代农业产业园、重庆市丰都县现代农业产业园；省级现代农业产业园区有 4 家（表 6–7）。

广东清远市清城区现代农业产业园于 2023 年新入选国家现代农业产业园名单，重点推进清远麻鸡国家级原种场改造提升等项目建设，建成清远麻鸡生产加工产业基地和 9 个种鸡繁育基地，规模养殖场 300 多家，2023 年累计出栏肉鸡超过 4 000 万只，带动一二三产业总产值达到 79.0 亿元，促进了区域经济可持续发展。

重庆市丰都县现代农业产业园 2023 年入选国家现代农业产业园名单。入驻该产业园的肉鸡种业企业有华裕农业科技有限公司和重庆丰都温氏畜牧有限公司。已建成 4 个 20 万套的种鸡场和年孵化 5 000 万只的孵化中心，可满足西南地区市场种苗需求的 30%。同时，建成 1 个肉鸡养殖小区和 204 个肉鸡养殖场，年出栏量 1 000 万只。

表 6-7　肉鸡产业园区建设情况所在省（区、市）

产业园区名称	所在省（区、市）	园区级别
广东清远市清城区现代农业产业园	广东	国家级
重庆市丰都县现代农业产业园	重庆	国家级
甘肃镇原县现代农业产业园	甘肃	省级
四川自贡市大安区现代农业产业园	四川	省级
广东佛山市现代农业产业园	广东	省级
广西容县现代农业产业园	广西	省级

第六章　肉鸡种业国际合作

一、肉鸡种业科研国际合作

我国肉鸡种业科研国际合作主要通过我国科研人员与外方联合实施科研项目、开展科技创新、共同培养留学生和开展国际学术交流等形式开展，实现国际间科研和资源优势互补。

我国科技人员与爱尔兰都柏林大学、加州大学、爱丁堡大学、法国国家农业食品和环境研究所、牛津大学、爱荷华州立大学等国外研究机构合作，发表高水平论文 20 余篇。中国农业科学院北京畜牧兽医研究所与埃及艾斯尤特大学联合开展“中埃地方鸡种适应性进化解析及抗逆和抗病基因挖掘”科研项目，促进中埃鸡种质资源的开发利用。河南农业大学与澳大利亚西澳大学等共同研发基因组系列液相芯片，搭建地方鸡种质资源鉴定、精准评价、保护与开发利用的高效技术平台。同时，我国派出留学生到美国、英国、法国、丹麦等发达国家学习种业创新技术。中国农业大学和中国农业科学院北京畜牧兽医研究所接收“一带一路”沿线国家和非洲国家留学生，合作开展资源保护和利用、配套技术研究与应用。

2023 年 5 月，中国畜牧业协会、国家肉鸡产业技术体系等联合美国大豆出口协会、美国谷物协会、荷兰农业协会（中荷禽业联盟）等以“世界肉鸡产业新动能”为主题，成功举办第七届全球肉鸡产业研讨会。2023 年 11 月，世界家禽学会亚太联盟和中国畜牧兽医学会联合举办第十二届亚太家禽大会，23 个国家和地区的 1 000 余位代表就全球家禽研究新进展和科技创新进行了分享和交流。

二、肉种鸡产业国际合作

2023 年，我国自主培育的沃德 188 白羽肉鸡种鸡出口坦桑尼亚。但从国外引进的白羽肉鸡种源比例仍然较大，品种主要包括科宝、爱拔益加、罗斯 308 以及利丰等，约占全年白羽肉鸡祖代更新数量的 1/3，主要来源于新西兰和美国。

2023 年，FAO、上海合作组织等，以色列、新西兰、蒙古国、俄罗斯、巴西等 17 个国家超 200 人次到我国白羽肉鸡育种企业考察和调研，商谈引种合作。随着“一带一路”等国际合作项目深入推进，我国肉鸡品种有望进入更多国家的市场。

我国肉鸡种业快速发展，在国际市场地位有所提高，国内外企业投资也不断增加。美国科宝公司加大了对我国白羽肉鸡种业的投资力度，科宝（湖北）育种有限公司推进“随州 1 000 万套产能项目”建设。2023 年通过扩建，白羽肉鸡父母代供种能力增加到 800 万套。

我国种业企业抓住国际合作契机，与国内外顶级科研机构、高校建立了更紧密的联合攻关关系。福建圣农发展股份有限公司以“凝聚全球智慧，赋能科技创新”为目标，聘任来自 10 个国家的 30 名科学家担任合作专家，组建了白羽肉鸡行业首家国际性研究院“圣农研究院”，不断突破白羽肉鸡全产业链生产实用技术，为产业发展提供了科技助力。

第七章　肉鸡种业发展展望

一、自主培育品种数量规模稳步提升

（一）肉鸡种业科技自立自强加快推进

2022—2023 年我国白羽祖代种鸡连续两年引种受阻。2022 年欧美高致病性禽流感等导致贸易受限，2023 年国际禽流感持续蔓延导致贸易受限。在连续两年引种受阻的背景下，我国自主培育的 3 个白羽肉鸡品种发挥出重要支撑作用，为国内肉鸡产业稳定发展提供坚实安全保障，我国白羽肉鸡产业发展由之前的国外单方支撑，进入国外、国内两方支撑的新阶段。目前国外引种仍有不确定性，加快推进我国肉鸡种业科技自立自强尤为迫切，而且必须正视我国自主培育白羽肉鸡品种。与国外品种相比，其在育种素材、育种技术和疫病净化等方面仍有较大提升空间。

（二）白羽肉鸡种源自主，黄羽肉鸡品种多元化

过去两年，我国进口白羽肉鸡祖代的数量大幅度减少。白羽肉鸡 3 个国产品种产业化应用进程持续快速推进，2023 年市场占有率达到 25.1%。通过产学研密切合作，白羽肉鸡的自主育种必将迎来飞跃，预计到 2035 年，市场占有率将达到 60% 以上，实现白羽肉鸡种源自主和安全。黄羽肉鸡具备种源自给保障能力，培育品种较多，但优异性状特征明显、市场占有率高、适合屠宰后冷鲜上市的核心品种较少。小型白羽肉鸡种源更新快，种鸡存栏量充足，良种供给充足稳定，市场占有率不断提升，但需要加强父系品种培育，增加数量、提高品质。

2024 年，随着经济社会运行环境的进一步优化，消费端需求增长仍将是拉动肉鸡生产增长的重要因素。虽然在 2023 年年末，商品代肉鸡出栏量呈现减少趋势，但白羽肉鸡和黄羽肉鸡父母代后备种鸡存栏量充裕，2024 年肉鸡产量约有 5 个增长点。长期来看，突出的实惠性、营养性、便捷性，以及更广的被接纳性等多方优势将使肉鸡产量和消费持续增长。

（三）肉鸡种业研发投入增加，保障肉鸡产业加速发展

鸡肉具有“三低一高”的营养健康、饲料转化率高的节粮高效、粪污排放低的绿色低碳、价格低廉和消费群体广泛等优势。自《全国肉鸡遗传改良计划（2021—2035 年）》实施以来，我国肉鸡生产性能明显提升，遗传进展显著，这对于保障国家粮食安全、推动健康中国建设、促进畜牧业绿色低碳发展具有重要意义。自 2021 年以来，我国启动一批国家重点研发项目和农业生物育种重大项目，推动了我国肉鸡种业持续发展。国家通过增加肉鸡种业的科研经费研发投入和政策扶持力度，保障肉鸡产业快速发展，以充分满足未来我国居民肉类消费增长的需求。

二、多元化市场需求促使育种目标更新

（一）屠宰分割市场需求，促使肉鸡育种目标更新

国内市场是我国自主培育白羽肉鸡新品种的主战场，未来品种培育要充分考虑更多符合中国市场的目标性状，例如，腿、鸡翅的屠体占比。黄羽肉鸡作为我国的独特品种，在传统市场上以活禽交易为主，黄羽肉鸡育种对屠体性状选育关注度不高，导致多数黄羽肉鸡品种的屠宰性能不能满足市场需求，全面落后于白羽肉鸡。目前黄羽肉鸡分割处理市场需求尚处于起步阶段，鸡肉外观、胸肌、腿肌、鸡冠、体型均匀度、毛孔、肉品质等性能指标将作为重要育种目标，面对集中屠宰、冰鲜上市的必然趋势，开展屠宰加工型黄羽肉鸡选育的需求尤为迫切。

（二）黄羽肉鸡屠宰加工型新品种培育持续推进

适合屠宰加工型肉鸡的白羽肉鸡商业化育种在国外起步非常早，取得了巨大成功。在我国，适合屠宰加工型的黄羽肉鸡新品种选育尚处于初步阶段。2021 年我国育成了适合屠宰上市的黄羽肉鸡配套系花山鸡，填补了市场空白。2024 年 3 月，温氏麻黄鸡 3 号、岭南黄鸡 5 号等 4 个适合屠宰加工型肉鸡新品种通过国家畜禽遗传资源委员会评审。相对而言，以前培育的大部分品种不能完全适合产业发展集中屠宰、生鲜上市的要求。应加快培育屠宰加工型黄羽肉鸡新品种，适应生鲜上市需求，既保障了种源自主、安全、可控，又满足了生鲜上市新消费下人们日益增长的对高品质鸡肉的消费需求。

三、科技创新助力种业新质生产力发展

（一）集约化高效养殖，种业环控需求不断提高

集约化养殖是畜禽养殖发展的重要方向。随着单栋、单场养殖量不断增加，饲养密度居高不下，对种鸡的饮水、采食、通风换气、温度、湿度、风速等环控条件要求也不断提高。环控若不能满足种鸡生产需求，将导致其性能下降，种鸡甚至出现病理损伤，乃至死亡。比如，温度不合适会导致冷、

热应激，引发呼吸道疾病、肠道疾病、免疫抑制、内分泌失调等问题。光照不合适会影响繁殖性能，减少产蛋数量。

（二）全产业链提升种鸡性能，肉鸡产量将持续增长

以基因编辑、转基因、分子选育为代表的生物技术日新月异，以物联网、大数据、云计算、区块链为代表的信息化技术迅猛发展，推动传统肉鸡产业转型升级。物联网让肉鸡产业实现自动化、规模化、数字化、智能化，不断催生新产业、新业态、新模式，为肉鸡产业发展增添新动能。现代信息技术和生物技术的快速发展和普及应用将对肉鸡产业的生产、加工、流通、消费等各环节，以及政府部门的监管服务方式产生深刻影响。

（三）加强肉鸡育种科技装备创新，提升种业新质生产力

遗传育种的研究进展离不开准确的生产性能测定数据。生产性能，如种鸡的日采食量、日增重、胸肌率等，其测定需要先进的测定方法和高端精密的设备。传统方法很难实现实时精准测量，可借助现代化的采食测定站实时测定数据和 X 射线摄影技术实现。种鸡生产性能与季节、气候、光照、环境温湿度等密切相关，尤其在集约化养殖趋势下，全球气候变化，极端天气等自然灾害时有发生，环控设备更成为肉鸡养殖能否成功的关键因素。因此，加强环控等精准育种装备研制是运用前沿育种理论和攻克育种关键核心技术的前提和保障。

水禽篇

第一章　发展概况

2023 年，我国水禽种业自主可控水平稳步提高，摆脱了对国外品种的依赖，为水禽产业规模化生产提供了种源保障，对于满足水禽产品有效供给和多元化的市场需求，以及确保国家水禽种业安全意义重大。

资源保护利用方面。圆满完成了第三次全国畜禽遗传资源普查工作，鉴定新发现水禽遗传资源 1 个，完成主要鸭、鹅品种全基因组 DNA 测序和分子标记鉴定，水禽地方资源中，78.9% 的鸭、62.5% 的鹅得到开发和利用。

创新攻关方面。水禽基因组选择技术体系建设初见成效，建立了蛋鸭、肉鸭专用芯片，创建了北京鸭基因组选择技术体系并对其产业化应用，自主培育的大型白羽肉鸭配套系生产性能具有较强的国际竞争力，新培育的天府农华麻羽肉鸭配套系满足了肉鸭多元化的市场需求。

企业扶优方面。山东新希望六合集团有限公司、江苏立华牧业股份有限公司、安徽强英食品集团有限公司成功跻身 2023 年中国农业企业畜牧业 20 强，温氏食品集团股份有限公司、山东新希望六合集团有限公司、江苏立华牧业股份有限公司、安徽强英鸭业集团有限公司、江苏益客食品集团股份有限公司顺利入围 2023 年中国农业企业 500 强。江苏省泰州市海陵区现代农业产业园成功入选国家现代农业产业园。

基地提升方面。常州市四季禽业有限公司、重庆泰华牧业（集团）有限公司入选国家水禽核心育种场，内蒙古塞飞亚农业科技发展股份有限公司、湖北神丹健康食品有限公司入选国家水禽良种扩繁推广基地。

市场净化方面。《鸭甲型病毒性肝炎 1 型和 3 型诊断技术》（NY/T 554—2023）等行业和地方标准制定实施，各省（区、市）通过开展“双随机、一公开”方式对种禽质量监督抽查，规范企业持证经营，确保种源质量安全稳定。

第二章　水禽遗传资源保护和利用

2021—2023 年，水禽遗传资源保护取得明显进展：一是完成第三次普查，摸清了我国鸭、鹅遗传资源家底，共计 96 个品种（不包括列入的特种家禽的绿头鸭、番鸭），资源总量和丰富度位居世界第一；二是推进精准鉴定，完成主要地方鸭、鹅品种全基因组 DNA 测序和分子标记鉴定等工作；三是落实分级保护制度，加快建设具有中国特色的水禽遗传资源保护体系，实现了国家级保护品种的活体保护全覆盖、省级保护品种超过 80%，资源战略保障能力得到大幅度提升；四是加快构建以用促保、保用结合新格局，78.9% 的鸭、62.5% 的鹅地方品种资源得到产业化开发和利用，夯实了水禽种业振兴的资源基础。

一、完成第三次全国畜禽遗传资源普查

（一）摸清了水禽遗传资源最新家底

通过第三次普查掌握了近 15 年来我国水禽遗传资源的演变趋势和消长变化。目前，我国鸭遗传资源分布在 18 个省级行政区，排名前三的省（区）依次是福建、湖北和广西；鹅遗传资源覆盖 16 个省级行政区，排名前三的省依次是广东、江西和湖南。该次普查结果显示：我国现有水禽遗传资源 93 个，其中鸭资源 54 个，鹅资源 39 个，分别占全球登记鸭、鹅品种数量的 21.7% 和 22.9%，是世界水禽遗传资源多样性最丰富的国家。鸭遗传资源中，有地方品种 36 个（不包括绿头鸭、番鸭）、培育品种及配套系 14 个、引入品种及配套系 4 个；鹅遗传资源中，有地方品种 31 个、培育品种及配套系 4 个、引入品种及配套系 4 个。我国水禽遗传资源构成情况见图 7–1 和图 7–2。

与《国家畜禽遗传资源品种名录（2021 年版）》相比，鸭地方品种增加 2 个（中山麻鸭、开江麻鸭），培育品种及配套系增加 4 个，引入品种及配套系减少 4 个；鹅地方品种增加 1 个，培育品种及配套系增加 1 个，引入品种及配套系减少 2 个。地方品种、培育品种及配套系的增加和引入品种及配套系的减少，表明我国水禽种业自主可控水平得到进一步提升。

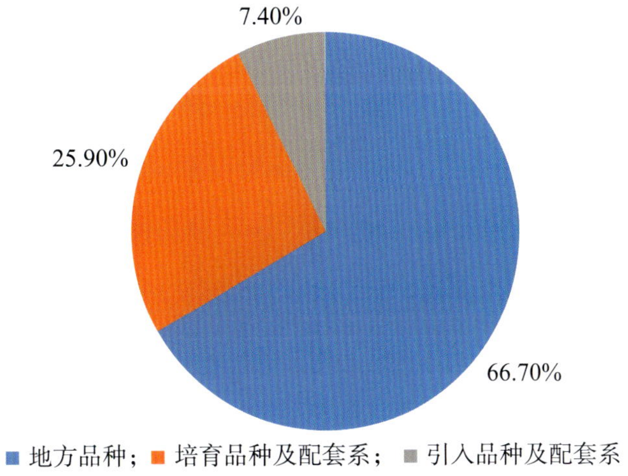

图 7-1　我国鸭遗传资源构成情况

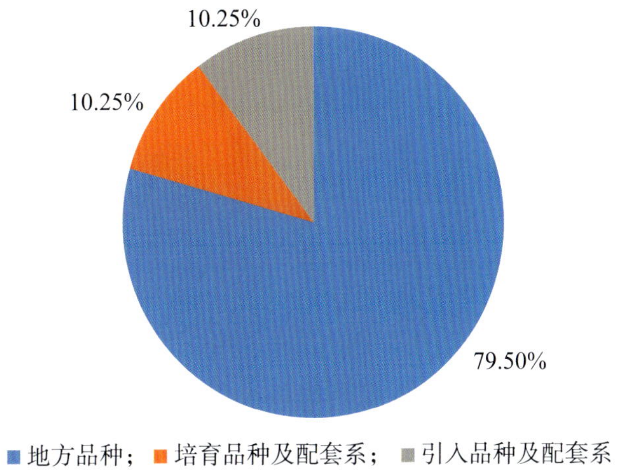

图 7-2　我国鹅遗传资源构成情况

（二）新鉴定 1 个水禽遗传资源

2023 年，阳春白鹅遗传资源通过鉴定。阳春白鹅原产地为广东阳春市，中心产区为广东阳春市岗美镇、河口镇和潭水镇。阳春市存栏阳春白鹅种鹅约 12.4 万只。

（三）掌握了水禽遗传资源濒危状况

依据第三次普查数据和《家禽遗传资源濒危等级评定》（NY/T 2996—2016）标准对我国水禽遗传资源的濒危状况进行评估，未发现有水禽遗传资源处于濒临灭绝、严重危险状态，仅有鄱县白鹅的濒危等级为“危险”，乌鬃鹅的濒危等级为“较低危险”。已确认的濒危家禽品种已由全国畜牧总站牵头，原产地积极配合，及时落实“一品一策”保护方案，在原产地采取临时性保护措施，确认保护主体，同时组织国家级基因库进行备份，遗传资源的灭失风险已得到有效控制。

（四）建立了水禽遗传资源特征特性数据库

通过统一测定标准，全面系统开展了 55 个鸭、38 个鹅品种的体型外貌、生长发育、体尺、屠宰、蛋品质、肉品质和繁殖等表型调查与测定，拍摄了各品种雏禽、成年禽的个体、群体照片和影像资料，建立了各遗传资源特征特性表型数据库。该数据库为解决长期以来我国水禽遗传资源基础性能数据来源复杂、可比性差的问题，以及准确界定品种特征特性、充分挖掘品种遗传潜力奠定了坚实基础。

二、推进水禽遗传资源精准鉴定

随着基因组学的快速发展，分子辅助技术手段的应用为品种资源的精准鉴定提供了有力支撑，近年来新发现的品种资源的鉴定基本都采用了不同维度的分子辅助手段。第三次普查中，采用统一的基因组深度测序技术标准，对我国家禽遗传资源开展了基因组遗传变异的高通量鉴定、DNA 分子特征数据库建设、分子身份证构建等工作。2023 年，随着畜禽种质资源精准鉴定项目的实施，我国鸭、鹅等水禽遗传资源的精准鉴定工作已取得显著进展：一方面，已完成主要地方鸭、鹅品种全基因组 DNA 样品提取、检测、建库、测序、基因组比对、SNP 和 InDel 等变异标记鉴定的工作，获得了高质量的遗传标记数据；另一方面，通过主成分分析、群体结构分析、系统发育树分析等，对我国水禽主要地方资源的群体遗传结构和起源分化情况进行了研究，明确了各水禽资源的群体结构和遗传分化情况。通过在基因组层面准确度量我国水禽遗传资源的近交水平等指标，我国水禽资源的群体遗传多样性评估及遗传资源鉴定等就更为科学。

三、构建了中国特色水禽遗传资源保护体系

我国对水禽遗传资源实施国家和省级行政区管理，落实分类分级保护制度，经过几十年的探索与实践，保护体系逐步建立健全。根据重点突出和“珍贵、稀有、濒危”等分类原则，我国公布的国家级保护水禽遗传资源有 21 个，其中鸭 10 个（北京鸭、攸县麻鸭、连城白鸭、建昌鸭、金定鸭、绍兴鸭、莆田黑鸭、高邮鸭、缙云麻鸭、吉安红毛鸭）、鹅 11 个（四川白鹅、伊犁鹅、狮头鹅、皖西白鹅、豁眼鹅、太湖鹅、兴国灰鹅、乌鬃鹅、浙东白鹅、钢鹅、溆浦鹅）。已确定的省级保护水禽品种有 65 个，其中鸭 34 个、鹅 31 个。

我国水禽遗传资源保护方式主要有保种场保护和基因库保护 2 种。目前，我国已建有国家级水禽遗传资源保种场 25 个（鸭 11 个、鹅 14 个），已实现国家级保护品种全覆盖，部分品种因分布区域存在跨省（区、市）或群体类型上存在差异，同时建有 2 个国家级保种场，如太湖鹅、皖西白鹅等。建有水禽遗传资源基因库 2 个，采用活体保护方式保存鸭遗传资源 22 个、鹅遗传资源 20 个，备份保存

了 80% 以上的鸭、鹅国家级保护品种，与国家级保种场共同形成了“双保险”。由全国畜牧总站承担建设的国家家畜基因库保存了我国所有水禽地方品种的血液样品。

四、加快构建以用促保、保用结合新格局

2023 年完成的全国育禽遗传资源普查结果显示：我国水禽地方遗传资源中，78.9% 的鸭品种、62.5% 的鹅品种已进行产业化开发利用，31.6% 的地方鸭和 21.9% 的地方鹅资源被用于培育新品种或配套系，详见表 7–1。通过本品种直接利用、杂交利用和配套系培育 3 种资源利用模式，我国水禽地方资源优势已有效转化为产业和市场优势，水禽资源以用促保、保用结合的新格局逐步形成。

表 7–1　水禽资源产业化开发利用情况

物种	地方品种数量 / 个	产业化开发		用于培育新品种、配套系	
		品种数量 / 个	占比 /%	品种数量 / 个	占比 /%
鸭	38	30	78.9	12	31.6
鹅	32	20	62.5	7	21.9

肉鸭方面，北京鸭资源的开发利用是全国十大畜禽遗传资源转化典型案例之一。北京鸭作为我国肉鸭资源的代表，国内从 1963 年开始对其开发利用，在“七五”到“十二五”期间，通过对“烤炙型”“分割型”北京鸭新品系选育，成功培育了南口 1 号和 Z 形北京鸭配套系，初步解决了国内烤鸭、瘦肉型鸭品种的短缺问题。“十三五”“十四五”期间，中国农业大学、中国农业科学院北京畜牧兽医研究所等联合北京首农食品集团有限公司、安徽强英食品集团有限公司、山东新希望六和集团有限公司、内蒙古塞飞亚农业科技发展股份有限公司等国内大型肉鸭企业，在肉鸭性能自动测定设备、抗病育种、基因组育种等前沿育种技术方面取得了多项突破，北京鸭育种进展显著加快，先后培育了满足不同分割、加工市场需求的草原鸭、中新鸭、强英鸭和满足大众烤鸭市场需求的京典北京鸭等新品种，有效解决了肉鸭种业卡脖子问题，促进了我国肉鸭产业核心种源的自主可控，是水禽资源以用促保、保用结合的典范。

蛋鸭方面，龙岩山麻鸭在 2023 年入选农业农村部发布的“十大优异畜禽遗传资源”，其开发利用有效促进了我国蛋鸭产业发展。龙岩山麻鸭具有体型小、耗料省、早熟、产蛋多等特性，是我国蛋用鸭当家品种之一，已在福建、广东、江西、浙江、湖南、湖北、广西、海南、上海等地直接利用。另外，龙岩山麻鸭也作为高产蛋鸭、优质肉鸭的育种素材被有效利用，已通过审定的苏邮 1 号、国绍 I 号等高产蛋鸭配套系以及天府农华麻羽肉鸭配套系，均用了龙岩山麻鸭作育种素材。

肉鹅方面，我国 32 个鹅地方遗传资源均已得到不同程度的开发利用，满足了消费者对鹅产品的需

求。例如，在浙东白鹅的原产地象山县，当地政府通过打造白鹅产业链、种养结合提升综合收益、探索支农共富路等，立足本地资源优势和产业基础，积极构建产业化扶贫新模式和利益联结新机制，充分发挥对口帮扶地区种鹅反季节繁殖优势，先后带动吉林、四川、海南等18个省（区、市）2 000多个农户走上共同致富路，入选全球减贫最佳案例之一，有效促进了浙东白鹅资源的保护、开发和利用。

第三章　水禽种业创新攻关

为加快我国水禽良种培育步伐，提升水禽种业发展水平和创新能力，增强国际市场竞争力，促进水禽产业健康稳定持续发展，2019 年农业农村部印发《全国水禽遗传改良计划（2020—2035 年）》，对水禽遗传改良进行了系统部署；2022 年农业农村部印发《国家育种联合攻关方案》，明确列出北京鸭、绍兴鸭、缙云麻鸭与狮头鹅等作为国家特色畜禽联合攻关计划地方水禽品种，各水禽生产主要省（区、市）也分别开展了省（区、市）水禽联合攻关计划，取得了显著成效。

2023 年我国水禽品质风味研究、家养化机制研究等达到国际领先水平，发现了影响鸭肉品质的重要基因，建立了国际首个北京鸭基因组选择技术体系，研发了国际先进水平的鹅繁殖性能测定设备等，培育了 1 个国家畜禽新品种（配套系），丰富了我国水禽自主培养品种，进一步满足了不同市场的差异化需求。通过“政产学研用”持续发力，我国水禽育种水平已达到国际第一梯队。

一、全国水禽遗传改良计划进展显著

（一）瘦肉型肉鸭主要品种改良进展

瘦肉型肉鸭占据了我国主要肉鸭市场，品种包括樱桃谷肉鸭、中新白羽肉鸭、中畜草原鸭、强英鸭等自主品种。自主品种的主要性能指标均处于国际同期领先水平，瘦肉型北京鸭的主要性能指标育种进展见表 7–2。

表 7–2　瘦肉型北京鸭主要性能指标育种进展

主要性能指标	2018 年	2019 年	2020 年	2021 年	2022 年	2023 年
上市日龄 / 天	42	42	41	41	40	40
上市体重 / 千克	3.2	3.2	3.2	3.2	3.2	3.2
FCR	1.92	1.92	1.90	1.90	1.88	1.88
胸肌厚度 / 厘米	2.05	2.05	2.17	2.25	2.27	2.27

（二）烤炙型北京鸭选育进展

烤炙型北京鸭主要以提供北京烤鸭原料为目标，不断优化市场需求，平衡品质与经济效益，南口1号北京鸭主要面向填饲烤鸭市场需求，京典北京鸭主要面向非填饲烤鸭市场需求。烤炙型北京鸭主要性能指标育种进展见表7–3。

表 7–3　烤炙型北京鸭主要性能指标育种进展

类型	主要性能指标	2018 年	2019 年	2020 年	2021 年	2022 年	2023 年
填饲烤鸭	上市日龄 / 天	40	40	38	38	37	37
	上市体重 / 千克	3.2	3.2	3.1	3.1	3.1	3.1
	FCR	2.2	2.2	2.15	2.15	2.1	2.1
	皮脂厚 / 毫米	3.5	3.5	4	4	4	4.5
非填饲烤鸭	上市日龄 / 天				35	34	34
	上市体重 / 千克				3.1	3.1	3.1
	FCR				2.00	1.95	1.90
	皮脂厚 / 毫米				3	3	3

（三）优质肉鸭选育进展

优质肉鸭主要以地方麻鸭为基础开展杂交配套选育，可满足地方特色肉鸭加工需求。武禽10号是我国第一个通过国家审定的优质肉鸭配套系，2021—2023年3年主要性能指标育种进展见表7–4。

表 7–4　优质肉鸭武禽 10 号主要性能指标育种进展

主要性能指标	2021 年	2022 年	2023 年
上市日龄 / 天	63	63	63
上市体重 / 千克	1.86	1.82	1.79
0~9 周 FCR	2.98 : 1	2.94 : 1	2.89 : 1

（四）蛋鸭选育进展

我国自主培育的苏邮1号、国绍Ⅰ号、神丹2号、农湖2号4个蛋鸭配套系的主要生产性能指标处于国际最高水平。不同蛋鸭的商品代性能进一步提高，其中雏鸭育成期成活率、产蛋期成活率、开产日龄、蛋重、43周龄体重、72周龄体重等已趋于稳定，72周龄产蛋数、饲料转化效率逐年提高（表7–5）。利用我国研发的青壳分子标记方法进行选育后，培育的商品代青壳蛋率可以超过99%。

表 7-5　蛋鸭主要性能指标育种进展

主要性能指标	2019 年	2020 年	2021 年	2022 年	2023 年
72 周产蛋数 / 个	327	328	329	330	332
72 周总蛋重 / 千克	22.3	22.3	22.4	22.3	22.3
FCR	2.60	2.56	2.54	2.52	2.48

（五）鹅育种进展

我国鹅新品种、配套系培育基础条件相对薄弱，江南白鹅配套系是近年通过国家畜禽新品种审定的配套系。不同区域的市场对鹅的体型外貌、生长速度要求差异较大，中等体型鹅育种取得进展，主要性能指标育种进展详见表 7-6。

表 7-6　中等体型鹅主要性能指标育种进展

主要性能指标	2019 年	2020 年	2021 年	2022 年	2023 年
上市日龄 / 天	66	66	67	67	65
上市体重 / 千克	4.15	4.14	4.24	4.27	4.24
FCR	3.30	3.26	3.25	3.14	3.11

二、国家水禽联合攻关全面开展

北京鸭种质创制及品种选育联合攻关项目是北京市农业农村局于 2021 年组织开展的，由北京南口鸭育种科技有限公司牵头，中国农业大学、中国农业科学院北京畜牧兽医研究所、北京金星鸭业有限公司等联合开展北京鸭育种技术研发、新品种培育。通过 3 年攻关，2023 年形成了系列重要成果：构建了全球首个北京鸭基因组选择技术体系，开发了拥有自主知识产权的北京鸭 60K 液相芯片和北京鸭基因组数据软件分析系统，北京鸭基因组育种参考群体达到 1.8 万只以上，初步解析了鸭抗肝炎病毒机制，构建了人工选择条件下抗性群体的遗传变异资源库，完成了抗性品系的选育。

绍兴鸭、缙云麻鸭的联合攻关也取得进展。2023 年，牵头单位浙江国伟科技有限公司修改完善了国家鸭（绍兴鸭、缙云麻鸭）育种联合攻关实施方案，制定了蛋鸭性能测定标准，建设了育种联合种公鸭站和联合遗传评估平台，组建了纯系选育基础群，实现了水禽保种和育种的生产性能数据自动采集和个体采食量的全程记录，大幅提高了饲料报酬的选育效率。

狮头鹅联合的攻关由广东省实施，主要参加单位有仲恺农业工程学院、中国农业大学、华南农业大学、狮头鹅国家级保种场、广东省农业科学院等。2023 年，在广东省项目支持下，联合攻关研发了智能设备，初步建立了鹅基因组选择技术体系，研发了种鹅繁殖性能测定等智能设备，初步建立了鹅表型组测定体系。初步构建了狮头鹅基因组选择技术，为鹅繁殖性能快速改良奠定了基础，高产蛋量新品系母鹅 2023 年平均产蛋数比选育前增加了 13.3%，高生长速度新品系母鹅 2023 年的后代 70 日龄体重比选育前增加了 4.6%，70 日龄饲料转化率比选育前降低了 1.5%。

三、省级水禽联合攻关逐步启动

河南省农业农村厅启动了肉鸭配套系种质创制及品种选育联合攻关项目，由河南旭瑞食品有限公司与四川农业大学、河南牧业经济学院联合构建育种联合体，着力构建高水平肉鸭“育繁推”生产体系，补齐了优质肉鸭产业发展短板，提升了优质肉鸭产业良种自主化水平。目前怀府肉鸭配套系选育工作进展良好，各品系均已完成第四世代测定和选育工作。此外，还围绕怀府肉鸭产蛋量、体型、肉色、骨骼强度等开展了常规选择技术和分子标记筛选研究，完成了 15 万只肉鸭的推广，反馈效果良好。

四川省“十四五”期间的畜禽育种攻关项目“优质水禽育种材料与方法创新及新品种选育”由四川农业大学、四川省畜牧总站、西昌华农禽业公司、开江宝源白鹅有限公司、宜宾荣盛农业发展有限公司“产学研”联合实施。项目培育的天府农华麻羽肉鸭配套系顺利通过国家审定，成为我国首个麻羽优质肉鸭配套系，2023 年在四川宜宾、达州、雅安等地已中试推广 60 万只以上。此外，2023 年通过攻关项目新增省级水禽核心育种场 1 个（累计达 5 个），制定了农业行业标准 2 项、省级地方标准 1 项，形成四川省农业主推技术 2 项，促进了四川水禽种业发展，为乡村振兴做出了积极贡献。

四、前沿育种技术取得突破

2023 年我国在水禽重要经济性状解析方面的研究工作处于国际领先水平，鉴定关键调控基因和变异位点、水禽育种技术和设备研发、发表科研论文和授权专利等的数量均处于世界前列。围绕产业高质量发展方向和实际育种需求，利用先进技术和创新方法鉴定了一系列新的具有重大育种价值的功能基因和分子标记。

（一）遗传机制解析取得突破性进展

生长发育方面，鉴定了 *IGF2BP1*、*ASAP1* 等 8 个影响生长发育速度的基因；挖掘了 *RXRA*、*CLN8*、*ELOVL3* 等 3 个影响脂质性状的功能基因，其中 *ELOVL3* 基因在细胞水平可增加 20% 细胞分化速度、提升 50% 饱和脂肪酸含量和 39% 多不饱和脂肪酸含量，是对脂质性状具有重要育种价值的多效调控基因；肉质性状方面，创新性地建立了鸭胸肌亲水性、脂类和加热后产生挥发性代谢物的代谢谱库，确定了 87 种影响肉品质的关键代谢物及挥发物，并对 48 个代谢物定位大效应遗传调控基因。此外，解析了 *UTP25*、*FBRSL1* 和 *MAGI3* 等 6 个基因对胸肉重量和品质的调控作用，其中 *MAGI3* 基因可以解释 13.3% 的肌束膜厚度变异和 2.9% 的肌内脂肪含量变异；繁殖性状方面，鉴定出 *TGF-β1*、*APOV1*、*APOB* 等 5 个影响产蛋性状的功能基因；羽毛方面，发现了 *REPS2*、*DOCK4* 和 *DDX10* 等 12 个基因影响羽毛生长、成熟和颜色；免疫应答方面，发现 *LGP2* 基因在鸭先天免疫和鸭坦布苏病毒抗性中发挥作用，*MRE11* 能够抑制鸭肠炎病毒复制。初步解析了鸭抗肝炎病毒机制，构建人工选择条件下抗性群体的遗传变异资源库，获得了候选功能基因，并完成了抗性品系的选育。

（二）水禽育种迈向泛基因组时代

2023 年共完成 1 个鸭基因组和 1 个鹅基因组组装及注释，构建 1 个鸭泛基因组，均由我国研究人员自主完成。在水禽基因组和泛基因组研究方面我国处于国际领先水平。绘制出了家鸭完整 *MHC* 基因图谱，并对 *MHC* 区域基因家族进行深入分析，深入解析家鸭对流感病毒适应性免疫机制，证实了鸭适应性免疫相关基因有助于鸭抗流感病毒的假说。在泛基因组方面，通过泛基因组的构建进一步提升了对水禽重要经济性状的性状解析水平，发现 *GHR*、*FER* 和 *ADAMST12* 基因调控区的大型结构变异影响鸭的生长发育和羽毛颜色；利用 5 个已发布的基因组构建泛基因组，深入解析了基因转座子衍生的结构变异对 *IGF2BP1* 和 *MITF* 基因表达水平的调控作用，系统探究了结构变异对鸭经济性状的影响，相关研究为肉鸭分子育种提供了重要基因资源。

（三）构建水禽全基因组育种技术体系

2023 年我国研究人员围绕水禽肉质、蛋品质等重要经济性状的快速、精准智能化测定开展大量工作，基因组选择参考群体持续扩充，基因组预测模型不断完善，在水禽育种技术和设备研发方面进展迅速，处于国际领先水平。与以往相比，2023 年度针对水禽育种技术和设备研究更着重引入机器学习、图像识别等智能化技术，通过技术创新和流程进步提高表型测定的准确性和高效性。

研发了肉鸭和蛋鸭育种芯片。中国农业大学等团队开发了拥有自主知识产权的北京鸭 60K 液相芯片，筛选出全基因组 61 511 个 SNP 标记作为北京鸭液相芯片候选标记，涵盖北京鸭分子鉴别位点、肉品质、生长等关键位点，全基因组范围基因分型准确率在 98% 以上。湖北省农业科学院开发出国内首款蛋鸭育种芯片——楚鸭 1 号，涵盖了产蛋数、蛋重、蛋壳颜色、蛋壳强度等蛋鸭主要经济性状的功能位点，准确率高达 98% 以上。

开发了个体繁殖、生长性能测定设备。引入了大型 CT 扫描设备进行肉鸭育种的测定，设计了大规模适用于育种测定的肉鸭 CT 扫描流程方法并开发皮脂与胸肌智能标记算法研究。创建了种鹅产蛋自动记录系统，准确率达 98%，解决了人工记录不准确问题，初步建立了鹅表型组测定体系。联合利用互联网和多源信息感知、融合等技术研发出狮头鹅种鹅产蛋和计料称重智能跟踪设备。研发鹅个体笼产蛋自动识别记录装置，解决了鹅个体笼养状态下繁殖性能自动化记录难题。围绕鸭肉品质研发肌内脂肪、剪切力、饱和脂肪酸、单不饱和脂肪酸、多不饱和脂肪酸等性状的快速测定技术，准确率均达到 90% 以上。

构建了首个北京鸭基因组选择技术体系，初步建立了鹅基因组选择群体。开发了北京鸭基因组数据软件分析系统，建立了肉鸭重要经济性状基因组选择技术平台系统 1 套，2023 年完成了 5 000 只肉鸭的基因组数据分析工作，确定了分析流程方法，北京鸭基因组育种参考群体数量达到 1.8 万只以上。开发了多个肉鸭经济性状的基因组预测模型，烤炙型北京鸭的体重和腹脂性状表型预测准确性超过 0.30，分割型北京鸭体重预测准确性达到 0.34。初步构建了狮头鹅基因组选择技术，已构建狮头鹅、马冈鹅出栏日龄、体重、体尺表型－遗传变异（SNP、Indel、CNV 和 STR）数据库 1 个，利用重测序方式完成了 1 200 只鹅的基因组重测序，并记录了每只鹅体重、体尺等表型信息，初步鉴定了多个与狮头鹅性状有关的分子标记，为鹅繁殖性能的快速改良奠定了基础。

五、新品种培育取得明显进展

2023 年，天府农华麻羽肉鸭通过国家审定，该配套系以建昌鸭、四川麻鸭、龙岩山麻鸭为培育素材，是我国首个优质麻羽肉鸭配套系。商品肉鸭 8 周体重 2.8~3.1 千克，比地方麻鸭高 25% 以上；料重比仅（2.6~2.8）:1，较地方麻鸭节粮 15% 以上；父母代母鸭年产蛋 230~240 个，较大体型麻鸭多 30%；体型修长，黄麻羽色，屠宰后在头颈、背部有少量羽色标记，屠体美观。

六、种业攻关经济社会效益显著

利用连城白鸭、北京鸭等优良地方肉鸭品种，培育武禽十号肉鸭、中畜长白半番鸭、益扬 1 号等新品种。湖南临武舜华鸭业发展有限责任公司年屠宰加工临武鸭 1 200 万只，成为全国地方麻鸭开发第一品牌。扬州大学等团队经过多年联合攻关，研究阐明了抑制素调节种鹅抱窝机制，建立了通过胸肌厚度估测胸肌率的数学模型，构建了多性状综合指数选育系统，研发了基于肉瘤大小的胶原蛋白含量间接选择肉品质等多项技术。该技术已应用于扬州鹅、浙东白鹅和籽鹅等本地品种选育，本地品种产蛋量平均提高了 11%，产肉量平均提高了 10%，胶原蛋白含量平均提高了 13.4%。累计推广种鹅 360 余万只，年均 120 万只，肉鹅出栏量超过 4 000 万只 / 年，“肉鹅高效繁育技术创新与应用”获江苏省科技进步奖一等奖。

第四章　水禽种业企业扶优

自 2022 年农业农村部公布国家种业阵型企业名单并印发扶持企业发展意见以来，各省（区、市）认真贯彻国家种业振兴决策部署，抓落实、出政策、创机制，企业扶优工作呈现出“一引领、两提升、一集聚”的良好格局，即国家“强优势”阵型企业引领行业发展，上市公司、龙头企业在各方政策的加持下的良种供应保障能力、行业影响力大幅提升，园区建设将优势和特色产业进一步集聚，发挥集群效应。目前有国家水禽种业强优势阵型企业 9 家、上市企业 5 家、国家级龙头企业 5 家、国家级高新技术企业和国家水禽种业产业园区各 1 家（表 7–7）。

表 7–7　水禽种业企业和种业园区建设情况

企业类型	企业名称	饲养品种
国家水禽种业强优势阵型企业	北京南口鸭育种科技有限公司	鸭
	内蒙古塞飞亚农业科技发展股份有限公司	鸭
	安徽强英鸭业集团有限公司	鸭
	山东新希望六和集团有限公司	鸭
	山东和康源生物育种股份有限公司	鸭
	湖南临武舜华鸭业发展有限责任公司	鸭
	广西桂林市桂柳家禽有限责任公司	鸭、鹅
	浙江国伟科技有限公司	鸭
	湖北神丹健康食品有限公司	鸭
上市企业	江苏益客食品集团股份有限公司	鸭
	江苏立华牧业股份有限公司	鹅
	温氏食品集团股份有限公司	鸭
	河南华英农业发展股份有限公司	鸭
	新希望六和股份有限公司	鸭

续表 7–7

企业类型	企业名称	饲养品种
国家级龙头企业	内蒙古塞飞亚农业科技发展股份有限公司	鸭
	广西桂柳牧业集团有限公司	鸭、鹅
	安徽强英鸭业集团有限公司	鸭
	北京金星鸭业有限公司	鸭
	樱桃谷育种科技股份有限公司	鸭
国家级高新技术企业	山东和康源集团有限公司	鸭
省级龙头企业	乐寿农牧集团股份有限公司	鸭
	重庆泰华牧业（集团）有限公司	鹅
国家级水禽种业产业园区	江苏省泰州市海陵区现代农业产业园	鸭、鹅
省级水禽种业产业园区	河北乐寿鸭业现代农业园区	鸭

一、阵型企业助力种业创新升级

农业农村部构建了“破难题、补短板、强优势”的国家种业阵型企业，目前阵型企业已被业内和社会广泛认同，并作为重点对象予以支持。2023 年我国继续保持 7 家肉鸭、2 家蛋鸭的国家“强优势”阵型企业，引领行业强势发展。广西桂林市桂柳家禽有限责任公司、安徽强英鸭业集团有限公司和山东新希望六和集团有限公司成功跻身百亿级企业。山东和康源集团有限公司祖代种鸭规模达到 600 单元，每年可向社会提供商品代鸭苗 3 亿只左右，“成活率、欧指、售价”处于行业领先地位。北京南口鸭育种科技有限公司自主培育的南口 1 号北京鸭配套系和京典北京鸭配套系，每年可向市场提供 50 万 ~100 万只父母代种鸭，在全国中高端烤炙鸭市场占比接近 70%。绍兴鸭和苏邮 1 号、国绍 I 号、神丹 2 号、农湖 2 号等已占到全国蛋鸭养殖品种的 60% 左右，成为名副其实的蛋鸭当家品种。

2020 年以来共有 11 个水禽新品种（配套系）通过审定，其中国家水禽种业阵型企业牵头或参与培育的新品种（配套系）占比达 45.5%。目前多个种业企业形成了相对完整的水禽产业链，如内蒙古塞飞亚集团有限责任公司、山东新希望六和集团有限公司、北京金星鸭业有限公司等，目前已拥有“育种—养殖—屠宰—加工”完整的产业链，并采用“公司 + 基地 + 农户”的合作模式做大做强。

二、地方供种保障能力继续提升

广东深入实施“粤强种芯工程”，依托广东种业振兴基金，广泛吸引社会、金融资本投入，支持企业通过兼并重组等方式做强做大，成功推动广东恒健投资控股有限公司、现代种业发展基金与温氏食品集团股份有限公司、华南农业大学组建了广东中芯种业科技有限公司，注册资金103亿元；山东支持企业实施畜禽良种工程项目和畜牧全产业链集成创新与示范等政策性项目资金3 800万元，引导山东种业集团有限公司联合山东省新动能基金管理有限公司、山东省财欣投资有限公司和北京先农投资管理有限公司等共同发起设立山东新动能现代种业基金，基金规模达到5亿元；浙江鼓励企业建立种质资源场（区）并纳入农业“双强”项目支持范围，对成功上市的种业企业给予300万元奖励；北京积极打造“种业之都”，北京首农股份有限公司（北京南口鸭育种科技有限公司母公司）全资收购英国樱桃谷农场有限公司，加快了水禽企业国际化进程，收购至今樱桃谷鸭育种精确度最高提升80%，父母代种鸭产能扩大超3倍；江苏安排3.78亿元支持种业企业承担“揭榜挂帅”项目；湖北每年安排1亿元支持培育、壮大种业龙头企业；重庆率先在全国探索实施重大品种研发与推广后补助政策，给予渝州白鹅配套系培育单位和中试推广企业400万元奖金补助。

在地方政府政策、资金等支持下，各种业企业蓬勃发展，山东新希望六和集团有限公司、江苏立华牧业股份有限公司和安徽强英食品集团有限公司3家企业，成功跻身2023年中国农业企业畜牧业20强。温氏食品集团股份有限公司、山东新希望六和集团有限公司、江苏立华牧业股份有限公司、安徽强英鸭业集团有限公司以及江苏益客食品集团股份有限公司5家企业，顺利入围2023年中国农业企业500强。山东新希望六和集团有限公司和山东和康源生物育种股份有限公司等企业，每年可以生产父母代白羽肉种鸭1 000万套。北京金星鸭业有限公司实现了北京鸭全程质量可追溯，在育种、养殖、加工、销售等18个追溯节点记录生产信息，为北京鸭建立起了一套完整的“生长档案”，牢牢占据北京烤鸭食材高端市场，成为2022年北京冬奥会和冬残奥会北京烤鸭食材供应商，北京烤鸭成为中华美食名片，不断提升全球品牌影响力。

第五章　水禽种业基地提升

农业农村部办公厅印发《关于加快推进种业基地现代化建设的指导意见》一年多来，有关省（区、市）相继出台《关于加快推进种业基地现代化建设的实施意见》，从政策和资金层面对种业基地建设给予支持，水禽种业基地建设取得明显进展。

一、国家核心育种场（基地）数量和质量并重

近年来，国家持续支持水禽良种繁育体系建设，于2020年发布了国家水禽核心育种场和良种扩繁基地遴选标准，计划在2025年之前完成35个核心育种场和50个良种扩繁基地遴选，全面提高核心育种场的高产品种培育能力和扩繁基地的良种供种能力。2023年白羽肉鸭引进品种（南特鸭、枫叶鸭、奥白星鸭等）平均存栏量约2.78万套，占祖代白羽肉鸭存栏总量的5.26%；国内自有白羽肉鸭品种（樱桃谷鸭、北京鸭、草原鸭、中新鸭、强英鸭等）平均存栏量约50.06万套，占祖代白羽肉鸭存栏总量的94.74%。其中，樱桃谷鸭、北京鸭仍是主流品种，市场占有率稳定，新培育的麻羽肉鸭和番鸭、半番鸭品种大力推广，祖代种鸭规模处于历史高位。

在相关政策引领和支持带动下，国家水禽核心育种场和良种扩繁基地建设持续推进。2023年国家水禽核心育种场在2021年、2022年的基础上增加了常州市四季禽业有限公司和重庆泰华牧业（集团）有限公司，至此，国家水禽核心育种场数量达到了9家（表7–8）。2023年国家水禽良种扩繁推广基地在2021年、2022年基础上增加了内蒙古塞飞亚农业科技发展股份有限公司、湖北神丹健康食品有限公司，国家水禽良种扩繁推广基地数量达到了13家（表7–9）。

表 7-8　国家水禽核心育种场名单

序号	企业名称	饲养品种
1	北京南口鸭育种科技有限公司	肉鸭
2	内蒙古赤峰振兴鸭业科技育种有限公司	肉鸭
3	安徽黄山强英鸭业有限公司	肉鸭
4	利津和顺北京鸭养殖有限公司	肉鸭
5	浙江国伟科技有限公司	蛋鸭
6	湖北神丹健康食品有限公司	蛋鸭
7	江苏扬州五亭食品集团天歌鹅业有限公司	肉鹅
8	江苏常州市四季禽业有限公司	肉鹅
9	重庆泰华牧业（集团）有限公司	肉鹅

表 7-9　国家水禽良种扩繁推广基地名单

序号	企业名称	饲养品种
1	山东利津六和种鸭有限公司	肉鸭
2	内蒙古桂柳牧业有限公司	肉鸭
3	安徽黄山强英鸭业有限公司	肉鸭
4	河北乐寿鸭业有限责任公司	肉鸭
5	江苏桂柳牧业集团有限公司	肉鸭
6	内蒙古和康源生物育种有限公司	肉鸭
7	江苏和康源樱桃谷种鸭有限公司	肉鸭
8	山东高密六和养殖有限公司	肉鸭
9	山东宁阳和樱种鸭有限公司	肉鸭
10	内蒙古塞飞亚农业科技发展股份有限公司	肉鸭
11	河南周口桂柳种鸭育种有限公司	蛋鸭
12	湖北神丹健康食品有限公司	蛋鸭
13	安徽展羽生态农业开发有限公司	肉鹅

2023 年，各地大力支持国家畜禽核心育种场（基地、站）加强场区设施标准化建设，进一步提高

种禽养殖、疫病防控等设施水平，加强饲养管理自动化建设和测定评估智能化建设，全方位构建科学的疫病防控体系，推动种业基地生产水平提升。北京南口鸭育种科技有限公司采用自动饲料报酬测定系统、种鸭称重自动记录系统、条形码个体产蛋测定记录系统等设备后，育种效率大大提升。内蒙古塞飞亚农业科技发展股份有限公司为完善种源品质、提升草原鸭综合竞争力，持续开展抗病育种工作，全方位构建了种鸭场疫病防控体系。安徽强英食品集团有限公司建设的种鸭养殖标准化示范区是第十批国家级农业标准化示范区，通过技术创新加快了肉鸭绿色养殖模式的推广和普及。湖北神丹健康食品有限公司建设了高标准现代化种鸭养殖场，全程使用绿色饲料、无抗养殖、数字化管理，严格执行防疫消毒制度，有效采取饲料安全保障措施，推动了种鸭养殖基地的提档升级。

二、省级种禽场彰显区域优势

在畜禽遗传改良计划的推动下，多个省（区、市）相继启动省级畜禽核心育种场（良种扩繁推广基地）建设工作，截至 2023 年，国内注册经营的种鸭场达到 315 家，种鹅场达到 132 家，种鸭养殖大省山东、江苏、安徽三省的种鸭场数量全国占比分别为 37.1%、9.2%、8.3%，种鹅养殖大省广东、浙江、安徽的种鹅场数量全国占比分别为 24.2%、18.2%、15.9%，详见表 7–10。

表 7–10 国内注册经营的种水禽场

个

省（区、市）	种鸭场数量	种鹅场数量
北京	3	0
河北	14	0
山西	4	0
内蒙古	15	0
辽宁	13	5
吉林	3	0
黑龙江	1	2
江苏	29	8
浙江	17	24
安徽	26	21
福建	12	3
江西	8	3

续表 7-10　　个

省（区、市）	种鸭场数量	种鹅场数量
山东	117	12
河南	10	2
湖北	8	0
湖南	3	5
广东	11	32
广西	4	3
海南	1	2
重庆	1	2
四川	6	5
贵州	1	0
云南	3	1
陕西	5	0
新疆	0	2
合计	315	132

三、园区建设加快步伐

江苏省泰州市海陵区现代农业产业园于 2021 年 4 月获批创建，产业园以水禽、水稻种业为主导产业，是江苏省第一家以种业为主导产业的现代农业产业园，规划了“一园、二心、三区”功能布局。目前产业园已新建水禽扩繁场 15 家，核心群年存栏总量 21.6 万只，可供种禽 2 125 万只，建立水禽高效养殖示范点 8 家，示范带动养殖户 44 家，年推广优质水禽约 730 万羽。

广东省汕头市澄海区狮头鹅产业园是 2020 年广东省第一批特色产业现代农业产业园，2023 年积极申建了国家现代农业产业园。汕头澄海区是澄海系狮头鹅保种育种最大的基地，也是广东省狮头鹅最大的产区。该产业园主要由广东海润发展集团有限公司等投资运营，已投资建设超亿元的狮头鹅现代化屠宰加工冷链配送项目，打造以现代化屠宰加工为中心，集养殖存栏、卤鹅制品加工、销售宣传、仓储物流于一体的家禽业现代化产业园区，形成了完整精细的现代化狮头鹅产业链。2023 年园区种鹅存栏量 80 多万只，肉鹅出栏量 730 多万只，鹅苗供应量超过 1 000 万只，全产业链产值超过 30 亿元。

河北献县乐寿现代农业园区于 2022 年获批河北省第一批省级现代农业示范园区。园区以河北乐寿鸭产业为核心经营主体，重点构建“原料种植、饲料加工、种鸭繁育、肉鸭养殖、屠宰制坯、屠宰分割、熟食加工和餐饮门店连锁”的全产业链。园区以中国农业科学院北京畜牧兽医研究所作技术支撑，现有 Z 形北京鸭配套系种鸭场 3 个，其中祖代种鸭厂 1 个，具有年繁殖父母代种鸭 2 200 单元的能力；拥有父母代种鸭厂 2 个，父母代种鸭存栏量超过 10 万只，配套孵化车间 3 个，年育雏能力 1 200 万只。

第六章　水禽种业质量监管

为更好地推动水禽种业发展，行业主管部门近年来不断加强质量监管工作，坚定不移地全面净化市场环境，以维护种业企业创新的积极性，强化新品种（配套系）培育和市场推广工作，保障种业振兴行动，实现种业科技自立自强和种源自主可控。

一、种禽质量标准体系建设持续推进

2023 年我国水禽产业标准体系建设呈现多元化、地域性和专业化的特点。从行业标准到地方标准，2023 年共立项标准 55 个，其中行业标准 2 项、地方标准 53 项，涵盖了水禽场舍建设、种质特性、种质资源保护、新品种选育、饲养管理、养殖模式、粪污处理、疫病防控、屠宰分割加工和美食制作等多个方面，为我国水禽产业的健康绿色发展提供了重要的技术支持和技术规范。

种禽质量标准体系建设取得新进展。在行业标准方面，《鸭甲型病毒性肝炎 1 型和 3 型诊断技术》（NY/T 554—2023）为种鸭疾病防控提供了重要支持。在地方标准方面，四川和江西分别发布《规模鸭场建设规范》（DB51/T 1739—2023）、《戏水池式种鸭舍建设规范》（DB36/T 1823—2023）等标准，为当地养鸭场（舍）建设规范提供了技术支持；新疆、福建、安徽等省（区）发布地方品种技术规范和标准，包括《闽北白鹅品种保护技术规范》（DB35/T 2135—2023）、《伊犁鹅品种资源保护技术规范》（DB6540/T 025—2023）、《强英鸭》（DB34/T 4651—2023）和《于田麻鸭》（DB65/T 4678—2023）等，为水禽种质资源保护与选育提供了技术指引；《天柱黑番鸭人工授精技术规程》（DB5226/T 247—2023）、《鸭冷冻精液制作技术规范》（DB43/T 2708—2023）、《扬州鹅种鹅全季节繁殖技术规程》（DB32/T 4504—2023）等地方标准的制定、修订，有效规范了水禽良种繁育技术。

二、种禽市场质量监管不断强化

2023 年各省（区、市）通过开展“双随机、一公开”方式对种禽质量监督抽查，规范企业持证经营，确保种源质量安全稳定，相继涌现出适应新环境新形势的监管模式。例如，北京市根据风险等级的不同对全市种畜禽生产经营企业制定分级分类监管标准，做到“高风险高频检查，低风险低频检查”的差异化监管。在种畜禽监管执法检查中，为了避免深入现场造成疫病传播风险，重庆市执法人员运用 AI 眼镜等工具，利用“慧执法系统”视频连线场内养殖人员，对种畜禽个体、养殖档案、安全生产经营、兽药使用、饲料和饲料添加剂使用等生产经营行为进行逐项检查，创新非现场监管新途径。河南修订《河南省畜牧业条例》，将种业振兴写进条例，出台《2023 年河南省种畜禽质量飞行检查和监督抽查工作方案》，按照“四不两直”原则，分三组开展全省范围的种畜禽质量监管工作。江西制定、修订《江西省种畜种禽生产经营许可证发放规定》，形成了比较完善的种畜禽管理法规、规章和规范性文件体系。北京市印发《北京市 2022—2023 年种业监管执法年活动方案》，加强种畜禽监管工作。贵州启动《贵州省畜禽遗传资源保护利用条例》立法工作，制定畜禽种业领域行政裁量权基准，进一步优化畜禽种业发展环境。湖南制定印发《2022—2023 年湖南省种业监管执法年活动方案》和《2023 年全省种业市场监管工作要点》，对畜禽种业监管工作进行安排，确定了畜禽种业“双随机、一公开”执法检查。山东统一孵化场等场站办理种畜禽生产经营许可证的规范标准，开展了“双随机、一公开”种畜禽市场经营监督检查，启动了种畜禽交互检查。

第七章　水禽种业国际合作

为提高我国水禽种业科技的国际竞争力和种业企业的国际影响力，近年来，国内高校、科研院所和育种企业持续加强与国外研究机构的全方位、多领域合作，推动我国水禽种业发展迈上新台阶。2023 年国际合作不断深化，取得了一系列重要成果。

一、水禽遗传多样性及起源驯化研究

我国兰州大学、浙江省文物考古研究所等单位与日本北海道大学、筑波大学、东京大学、金泽大学等单位合作，利用组织学、地球化学、生化学和形态学等方法研究了来自天罗山（我国长江下游流域一个拥有 7 000 年历史的水稻种植村）的鹅骨，证明其有约 7 000 年的历史，且处于驯化的早期阶段，未从其他种群引入个体，表明当地可能是家鹅的重要起源中心之一。

扬州大学与埃及苏伊士运河大学合作，利用微卫星标记、SNP 标记研究了 8 个地方鹅种的遗传多样性和濒危程度。北京林业大学与俄罗斯科学院、澳大利亚应用生态研究所和英国谢菲尔德哈勒姆大学等单位合作，使用高精度的 GPS 跟踪设备追踪了 11 只白额雁个体的迁徙途径。南京师范大学与荷兰瓦赫宁根大学、芬兰自然历史博物馆、美国得克萨斯大学等合作，构建了 6 个栖息地丧失程度不同的大雁群体秋季迁徙网络，模拟了水禽迁徙和 AIV 传播途径。

二、水禽基因组学及主要性状解析

（一）水禽基因组研究不断更新

中国农业大学与英国爱丁堡大学、罗斯林研究所、Ensembl、加拿大渥太华大学等长期开展水禽功能基因组学合作研究。在国际合作过程中，先后创建了北京鸭、绿头野鸭等高质量参考基因组，并在国际著名基因组信息中心 Ensembl 数据库开展持续注释、比较基因组学等工作。2023 年，Ensembl 先后更新了 3 版绿头野鸭、北京鸭参考基因组注释及其比较基因组数据，供全球公开使用。中国农业大学、江苏省家禽科学研究所、扬州大学等单位还联合英国罗斯林研究所和爱丁堡大学皇家（迪克）兽医研究学院，整合纳米孔测序和 Hi-C 数据，构建了北京鸭新的参考基因组 SKLA1.0，将鸭基因组组装的 N50 长度提高了 5.79 倍。

（二）通过国际合作加快重要性状解析

中国农业大学与加拿大渥太华大学合作过程中，解析了影响蛋壳质量的关键蛋白质 OC-17 在鸡、鸭、鹅、鹌鹑等不同禽类的基因组序列，明确了鸭、鹅基因组分别有不同 CTL 家族拷贝，从而为解释不同禽类蛋壳强度机制奠定了基础。中国农业大学与英国樱桃谷农场开展了鸭育种芯片等合作，并开发了鸭育种芯片，为加快肉鸭育种提供了技术支撑。2023 年，中国农业大学与罗斯林研究所等合作中，共同完善了鸭 MHC 所在染色体并开展了高精度注释，获得了鸭最高的 MHC 区域注释。扬州大学与埃及苏伊士运河大学等合作，研究了对鹅生长发育有重要影响的生长激素（GH）和垂体特异性转录因子（Pit-1）基因在不同鹅群中的遗传变异。石河子大学与巴基斯坦巴哈瓦尔布尔伊斯兰大学合作，利用 RNA-seq 技术研究了体脂含量低的伊犁鹅与其他杂交鹅的肝脏转录组差异，分析了鹅肝脏中差异表达的基因。浙江省农业科学院与乌克兰国立生命和环境科学大学开展了家禽品种引进和分子育种方面的研究工作，获得了一批与重要经济性状相关的分子标记。

三、共建国际合作实验室

浙江省农业科学院家禽育种与养殖团队建有国际科技合作载体（省级“一带一路”联合实验室），即浙江－乌克兰家禽种质资源保护、挖掘利用联合实验室，开展家禽遗传资源的评价、保护和选育研究；浙江省农业科学院与俄罗斯家禽联盟针对绍兴鸭笼养方式开展合作研究，研发了蛋鸭笼养的关键技术。

第八章　水禽种业发展展望

一、进一步完善常规育种技术，重点开展表型组技术研发

基于各种原因，国家支持水禽种业较少，很多水禽性状的常规育种手段尤其是测量手段非常不完善，羽绒、肥肝、繁殖性能等性状测定手段相对落后，因此亟须发展适合水禽不同性状的现代化测定技术与设备，完善以常规育种技术为主的育种技术体系。

二、加强基因组育种技术体系建设

基因组育种技术刚在北京鸭育种中应用，在鹅、蛋鸭、番鸭等水禽品种中还没有产业化应用。精准定位编辑基因位点使育种人员能够更有效地培育出适应性强、生长速度快、肉质优良的畜禽品种，但是，基因编辑等最新育种新技术在水禽中研究基础薄弱，需要持续投入资金和人员来开拓、建立水禽种业 3.0 育种时代。

三、加大水禽种业政策保障力度

水禽业是我国轻工业发展的重要基础，为全球提供了大量羽绒制品。水禽行业健康发展需要政府支持，媒体及相关从业人员等积极宣传。与“十三五”相比，“十四五”期间各级政府持续加大了对水禽种业的资金投入，但与水禽产业对国民经济的贡献相比，还需要进一步加大支持力度，希望未来在生物育种、国家重点研发等国家级项目中能看到水禽种业项目的布局。

附　录

附表 1　中国畜禽遗传资源概况

个

序号	畜种	地方品种	培育品种及配套系	引入品种及配套系	合计
1	猪	89	43	8	140
2	普通牛	57	11	15	83
3	瘤牛	—	—	1	1
4	水牛	27	—	3	30
5	牦牛	22	2	—	24
6	大额牛	1	—	—	1
7	绵羊	56	37	13	106
8	山羊	67	14	6	87
9	马	29	14	14	57
10	驴	24	—	—	24
11	骆驼	5	—	—	5
12	兔	8	15	11	34
13	鸡	133	101	26	260
14	鸭	38	14	4	56
15	鹅	32	4	4	40
16	鸽	4	3	4	11
17	鹌鹑	—	1	2	3
18	梅花鹿	1	7	—	8
19	马鹿	3	3	—	6
20	驯鹿	1	—	—	1
21	羊驼	—	—	1	1
22	火鸡	1	—	3	4
23	珍珠鸡	—	—	1	1
24	雉鸡	2	2	1	5
25	鹧鸪	—	—	1	1
26	番鸭	1	2	2	5
27	绿头鸭	2	—	1	3
28	鸵鸟	—	—	3	3
29	鸸鹋	—	—	1	1
30	水貂	—	6	5	11
31	银狐	—	—	2	2
32	北极狐	—	—	1	1
33	貉	1	2	—	3
总计		604	281	133	1 018

注：统计数据截至 2023 年 12 月 31 日。

附表 2　2021—2023 年农业农村部鉴定通过的畜禽遗传资源

序号	鉴定时间	畜禽名称	申请单位	参加申请单位	资源保存单位
1	2021 年	豫西黑猪	河南省农业农村厅	河南省畜牧总站、洛阳市畜牧工作站、三门峡市畜牧技术推广中心、河南农业大学、河南科技大学、栾川县农业农村局、卢氏县农业农村局、栾川县亨利养殖专业合作社、卢氏县天社生猪养殖专业合作社、卢氏县炎牧生态养殖有限公司、栾川县益生源养殖专业合作社、三门峡雏鹰农牧有限公司卢氏分公司	
2	2021 年	江城黄牛	云南省农业农村厅	江城哈尼族彝族自治县畜牧工作站、普洱市畜牧工作站、江城县整董镇席草塘农民专业养殖合作社、江城农丰家庭农场、江城坝伞黄牛养殖场、江城县中平村美福畜牧养殖农民专业合作社	
3	2021 年	帕米尔牦牛	新疆维吾尔自治区畜牧兽医局	新疆维吾尔自治区畜牧总站、中国农业科学院兰州畜牧与兽药研究所、中国农业科学院深圳农业基因组研究所、克孜勒苏柯尔克孜自治州畜禽繁育改良站、喀什地区畜牧工作站、克孜勒苏柯尔克孜自治州畜牧兽医局、喀什地区畜牧兽医局、阿克陶县畜牧兽医局、塔什库尔干县畜牧兽医局	
4	2021 年	查吾拉牦牛	西藏自治区农业农村厅	西藏自治区农牧科学院畜牧兽医研究所、中国农业科学院兰州畜牧与兽药研究所、西藏自治区畜牧总站、西藏自治区那曲市农业农村局、西藏自治区那曲市聂荣县农业农村局、西藏自治区那曲市聂荣县查当乡政府、西南大学	
5	2021 年	燕山绒山羊	河北省农业农村厅	河北农业大学、秦皇岛市畜牧工作站、青龙满族自治县畜牧综合服务站、青龙满族自治县芳华畜牧养殖有限公司、青龙满族自治县利红绒山羊技术服务中心、青龙满族自治县福旺绒山羊养殖专业合作社、青龙满族自治县羊盛隆养殖专业合作社、青龙满族自治县乐羊养殖专业合作社、宽城立东养殖有限公司	
6	2021 年	南充黑山羊	四川省农业农村厅	南充市农业农村局、营山县农业农村局、南充市嘉陵区农业农村局、四川省畜牧总站、西南民族大学、四川农业大学	
7	2021 年	玛格绵羊	四川省农业农村厅	甘孜藏族自治州畜牧站、四川省草原科学研究院、甘孜藏族自治州得荣县农牧农村和科技局、甘孜藏族自治州乡城县农牧农村和科技局、甘孜藏族自治州巴塘县农牧农村和科技局、四川省畜牧总站、甘孜藏族自治州畜牧业科学研究所	
8	2021 年	阿旺绵羊	西藏自治区农业农村厅	西藏自治区农牧科学院畜牧兽医研究所、西藏昌都市畜牧总站、西藏昌都市觉拥种畜场、西藏昌都市贡觉县农业农村局、西藏自治区昌都市贡觉县畜牧站、西藏自治区畜牧总站、中国农业科学院北京畜牧兽医研究所、中国农业大学	
9	2021 年	泽库羊	青海省农业农村厅	青海省畜牧总站、青海省种羊繁育推广服务中心、青海省黄南州泽库县农牧水利和科技局、青海省黄南州泽库县畜牧兽医站、青海省黄南州动物疫病预防控制中心、青海省黄南州泽库县高原藏羊种畜繁育推广有限公司	

续附表 2

序号	鉴定时间	畜禽名称	申请单位	参加申请单位	资源保存单位
10	2021 年	凉山黑绵羊	四川省农业农村厅	凉山州畜牧草业与水产技术推广中心、四川省畜牧科学研究院、四川农业大学、布拖县农业农村局、普格县农业农村局、盐源县农业农村局、喜德县农业农村局、四川省草原科学研究院、凉山彝族自治州农业农村局、布拖黑绵羊良种繁育场	
11	2021 年	勒通绵羊	四川省农业农村厅	甘孜藏族自治州畜牧站、四川省草原科学研究院、甘孜藏族自治州理塘县农牧农村和科技局、甘孜藏族自治州雅江县农牧农村和科技局、四川省畜牧总站、甘孜藏族自治州畜牧业科学研究所	
12	2021 年	色瓦绵羊	西藏自治区农业农村厅	西藏自治区农牧科学院畜牧兽医研究所、西藏自治区畜牧总站、西藏班戈县农业农村局、西藏自治区那曲市畜牧兽医技术推广总站、四川农业大学、华中农业大学、新疆农垦科学院畜牧兽医研究所、西藏农牧学院	
13	2021 年	霍尔巴绵羊	西藏自治区农业农村厅	西藏自治区农牧科学院畜牧兽医研究所、西藏自治区畜牧总站、西藏自治区日喀则市仲巴县农牧综合服务中心、中国农业科学院兰州畜牧与兽药研究所、西藏自治区日喀则市仲巴县农业农村局、西藏自治区日喀则市仲巴县霍尔巴乡政府	
14	2021 年	多玛绵羊	西藏自治区农业农村厅	西藏自治区畜牧总站、西藏自治区农牧科学院畜牧兽医研究所、西藏自治区那曲市畜牧兽医技术推广总站、西藏自治区那曲市安多县农业农村局、西藏自治区那曲市安多县多玛乡农牧综合服务中心、西藏自治区那曲市安多县雁石坪镇农牧综合服务中心、中国农业科学院北京畜牧兽医研究所	
15	2021 年	苏格绵羊	西藏自治区农业农村厅	西藏自治区畜牧总站、中国农业科学院北京畜牧兽医研究所、西藏自治区农牧科学院畜牧兽医研究所、山南市畜牧兽医总站、山南市浪卡子县人民政府、山南市浪卡子县农业农村局、山南市浪卡子县农牧综合服务中心、山南市浪卡子县伦布雪乡人民政府	
16	2021 年	岗巴绵羊	西藏自治区农业农村厅	西藏自治区农牧科学院畜牧兽医研究所、西藏自治区日喀则市动物疫病控制中心、西藏日喀则市岗巴县农业农村局、岗巴县农牧综合服务中心、西藏自治区畜牧总站、中国农业科学院北京畜牧兽医研究所	
17	2021 年	阿克鸡	云南省农业农村厅	云南省畜牧总站、福贡县农业农村局、怒江州畜牧技术推广站	
18	2021 年	奉化水鸭	浙江省农业农村厅	宁波市奉化区奥纪农业科技有限公司、浙江省农业科学院、宁波市农机畜牧中心、宁波市奉化区农机畜牧发展中心	

续附表 2

序号	鉴定时间	畜禽名称	申请单位	参加申请单位	资源保存单位
19	2022 年	亚丁牦牛	四川省农业农村厅	甘孜藏族自治州畜牧站、四川省草原科学研究院、甘孜藏族自治州稻城县农牧农村和科技局、甘孜藏族自治州乡城县农牧农村和科技局、四川省畜牧总站	
20	2022 年	雁荡麻鸡	浙江省农业农村厅	浙江绿雁农业开发有限公司、温州科技职业学院（温州市农业科学研究院）、浙江省农业科学院、乐清市农业农村局、温州市农业农村局	浙江绿雁农业开发有限公司
21	2022 年	祁门豆花鸡	安徽省农业农村厅	安徽省畜禽遗传资源保护中心、安徽农业大学、祁门县动物疫病预防控制中心、祁门县畜牧兽医水产站、黄山市畜牧兽医技术推广中心、黄山市畜牧兽医站	黄山祥华生态养殖有限公司
22	2023 年	红灯笼猪	江苏省农业农村厅	溧阳市农业农村局南京农业大学、江苏省畜牧总站、溧阳市乾丰养殖有限公司常州市农业农村局、扬州大学	溧阳市乾丰养殖有限公司
23	2023 年	肃南牦牛	甘肃省畜牧兽医局	中国农业科学院兰州畜牧与兽药研究所、肃南裕固族自治县畜牧兽医服务中心	肃南裕固族自治县农业农村局
24	2023 年	合川白山羊	重庆市农业农村委员会	重庆市合川区畜牧兽医中心西南大学、重庆市畜牧技术推广总站	重庆市盈和农业科技有限公司
25	2023 年	皮山红羊	新疆维吾尔自治区畜牧兽医局	新疆维吾尔自治区和田地区农业农村局、新疆西域沐羊人农牧科技有限公司、皮山县农业农村局新疆畜牧科学院、新疆农业大学、新疆维吾尔自治区党委宣传部、中国农业科学院北京畜牧兽医研究所、新疆维吾尔自治区畜牧总站、和田地区畜牧技术推广站	新疆西域沐羊人农牧科技有限公司
26	2023 年	徐海鸡	江苏省农业农村厅	江苏省家禽科学研究所江苏省畜牧总站、连云港市赣榆区畜禽改良站	连云港地友实业有限公司、江苏省家禽科学研究所
27	2023 年	修水黄羽乌鸡	江西省农业农村厅	江西农业大学、修水黄羽乌鸡原种场、九江市农业农村局、修水县农业农村局、江西省农业科学院畜牧兽医研究所、江西省农业技术推广中心、南昌市动物疫病预防控制中心、永修县农业农村局	修水黄羽乌鸡原种场
28	2023 年	儋州鸡	海南省农业农村厅	中国热带农业科学院热带作物品种资源研究所、中国热带农业科学院湛江实验站、海南大学、海南农垦草畜产业集团有限公司儋州市农业农村局、海南省动物卫生监督所、海南省畜牧技术推广总站、儋州市动物卫生监督所、海口市琼山区动物疫病预防控制中心	中国热带农业科学院热带作物品种资源研究所
29	2023 年	粤西卷羽鸡	广东省农业农村厅	广东海洋大学、湛江市晋盛牧业科技有限公司、嘉应学院、广东盈富农业有限公司、广东省农业科学院动物科学研究所、广东省农业技术推广中心、高州市万农农业发展有限公司	广东盈富农业有限公司、湛江市晋盛牧业科技有限公司

续附表 2

序号	鉴定时间	畜禽名称	申请单位	参加申请单位	资源保存单位
30	2023 年	维西傈家乌鸡	云南省农业农村厅	维西傈僳族自治县农业农村局、中国农业大学、迪庆藏族自治州畜牧兽医科学研究院、维西傈家黑乌鸡养殖农民专业合作社	维西傈僳族自治县农业农村局、维西傈家黑乌鸡养殖农民专业合作社
31	2023 年	黑水凤尾鸡	四川省农业农村厅	阿坝藏族羌族自治州畜牧科学技术研究所、四川省畜牧科学研究院、黑水县科学技术和农业畜牧局、茂县九顶原生态畜禽养殖有限责任公司黑水泽禾农业有限责任公司、阿坝藏族羌族自治州畜牧工作站	黑水泽禾农业有限责任公司、茂县九顶原生态畜禽养殖有限责任公司
32	2023 年	羌山云朵鸡	四川省农业农村厅	阿坝藏族羌族自治州畜牧科学技术研究所、四川省畜牧科学研究院、汶川县科学技术和农业畜牧局、茂县九顶原生态畜禽养殖有限责任公司、阿坝藏族羌族自治州畜牧工作站	茂县九顶原生态畜禽养殖有限责任公司
33	2023 年	平武红鸡	四川省农业农村厅	平武县农业农村局、绵阳市农业科学研究院、四川省畜牧科学研究院绵阳市农业农村局、四川省畜牧总站	绵阳市游仙区新桥镇一鸣畜禽养殖场、绵阳市农业科学研究院、平武县文妮儿农业开发有限公司
34	2023 年	阳春白鹅	广东省农业农村厅	仲恺农业工程学院、阳春市岗美镇晖腾鹅养殖场、阳春市农业农村局阳江市农业农村局、广东省农业技术推广中心	阳春市岗美镇晖腾鹅养殖场、阳春市农业农村局、阳江市农业农村局

附表 3 国家级畜禽遗传资源保种场保护区和基因库分布

个

省（区、市）及生产建设兵团	保种场	保护区	基因库	合计
北京	4	—	2	6
天津	—	—	—	—
河北	1	—	—	1
山西	5	1	—	6
内蒙古	8	3	—	11
辽宁	7	—	1	8
吉林	4	1	1	6
黑龙江	4	1	—	5
上海	4	—	—	4
江苏	18	2	3	23
浙江	12	1	1	14
安徽	5	—	—	5
福建	8	1	1	10
江西	7	—	—	7
山东	16	1	—	17
河南	5	—	—	5
湖北	4	1	—	5
湖南	9	1	—	10
广东	11	1	—	12
广西	5	—	1	6
海南	3	—	—	3
重庆	2	1	1	4
四川	10	1	—	11
贵州	3	—	—	3
云南	8	1	—	9
西藏	2	2	—	4
陕西	8	—	—	8
甘肃	5	3	—	8
青海	4	—	—	4
宁夏	4	—	—	4
新疆	5	3	—	8
新疆生产建设兵团	—	—	—	—
合计	191	25	11	227

注：统计数据截至 2023 年 12 月 31 日。

附表 4　2021—2023 年农业农村部审定通过的新品种及配套系

序号	审定时间	证书编号	名称	类别	培育单位	参与培育单位
1	2021 年	农 01 新品种证字第 31 号	辽丹黑猪	新品种	丹东市农业农村发展服务中心（丹东市畜禽遗传资源保存利用中心）	辽宁省现代农业生产基地建设工程中心、沈阳农业大学、河北农业大学
2	2021 年	农 01 新品种证字第 32 号	川乡黑猪	新品种	四川省畜牧科学研究院	
3	2021 年	农 01 新品种证字第 33 号	硒都黑猪	新品种	湖北省农业科学院畜牧兽医研究所、湖北华健硒园农牧科技有限公司、湖北天之力优质猪育种有限公司	
4	2021 年	农 02 新品种证字第 9 号	华西牛	新品种	中国农业科学院北京畜牧兽医研究所	北京联育肉牛育种科技有限公司、乌拉盖管理区农牧和科技局、内蒙古奥科斯牧业有限公司、乌拉盖管理区博昊良种肉牛繁育专业合作社、沙洋县汉江牛业发展有限公司、内蒙古科尔沁肉牛种业股份有限公司、河南省鼎元种牛育种有限公司、云南省种畜繁育推广中心、吉林省德信生物工程有限公司、敖汉旗隆丰家庭农场有限责任公司、锡林郭勒盟畜牧工作站、内蒙古自治区农牧场科学技术推广站、内蒙古农业大学、伊犁创锦犇牛牧业有限公司
5	2021 年	农 03 新品种证字第 24 号	贵乾半细毛羊	新品种	毕节市畜牧兽医科学研究所、贵州省畜牧兽医研究所、威宁县种羊场、毕节市牧垦场、贵州省威宁高原草地试验站、毕节市畜禽遗传资源管理站、贵州新乌蒙生态牧业发展有限公司	毕节市农业农村局、威宁县农业农村局、威宁县畜禽品种改良站、赫章县农业农村局、赫章县畜禽品种改良站、大方县农业农村局、大方县畜禽品种改良站
6	2021 年	农 03 新品种证字第 25 号	藏西北白绒山羊	新品种	西藏自治区农牧科学院畜牧兽医研究所、日土县原种场、西藏尼玛县白绒山羊原种场、中国农业科学院北京畜牧兽医研究所	西藏自治区阿里地区农牧业科研与技术推广中心、西藏阿里地区科学技术局、西藏自治区畜牧总站、西藏那曲市畜牧兽医技术推广站、新疆畜牧科学院
7	2021 年	农 07 新品种证字第 9 号	皖南黄兔	新品种	安徽省义华农牧科技有限公司、安徽省农业科学院畜牧兽医研究所、安徽省畜禽遗传资源保护中心、中国农业科学院北京畜牧兽医研究所	石台县畜牧兽医局、宿松宏锐农业综合开发有限公司、绩溪县畜牧兽医水产服务中心
8	2021 年	农 09 新品种证字第 87 号	金陵麻乌鸡	配套系	中国农业科学院北京畜牧兽医研究所、广西金陵农牧集团有限公司	广西畜牧研究所、广西大学

续附表 4

序号	审定时间	证书编号	名称	类别	培育单位	参与培育单位
9	2021 年	农 09 新品种证字第 88 号	花山鸡	配套系	江苏立华牧业股份有限公司、江苏省家禽科学研究所、江苏立华育种有限公司	
10	2021 年	农 09 新品种证字第 89 号	园丰麻鸡 2 号	配套系	广西园丰牧业集团股份有限公司	广西大学、广西畜牧研究所
11	2021 年	农 09 新品种证字第 90 号	沃德 158 肉鸡	配套系	北京市华都峪口禽业有限责任公司、中国农业大学、思玛特（北京）食品有限公司	
12	2021 年	农 09 新品种证字第 91 号	圣泽 901 白羽肉鸡	配套系	福建圣泽生物科技发展有限公司、东北农业大学、福建圣农发展股份有限公司	中国农业科学院哈尔滨兽医研究所
13	2021 年	农 09 新品种证字第 92 号	益生 909 小型白羽肉鸡	配套系	山东益生种畜禽股份有限公司	
14	2021 年	农 09 新品种证字第 93 号	农金 1 号蛋鸡	配套系	北京中农榜样蛋鸡育种有限责任公司	
15	2021 年	农 09 新品种证字第 94 号	广明 2 号白羽肉鸡	配套系	中国农业科学院北京畜牧兽医研究所、佛山市高明区新广农牧有限公司	
16	2021 年	农 09 新品种证字第 95 号	沃德 188 肉鸡	配套系	北京市华都峪口禽业有限责任公司、中国农业大学、思玛特（北京）食品有限公司	
17	2021 年	农 10 新品种证字第 10 号	农湖 2 号蛋鸭	配套系	湖北农科智研科技发展有限公司、湖北离湖禽蛋股份有限公司、湖北省农业科学院畜牧兽医研究所	浙江省农业科学院畜牧兽医研究所、中国农业大学、武汉市农业科学院、湖北省畜牧技术推广总站、湖北省农业事业发展中心、长江大学、京山市畜牧技术推广站
18	2021 年	农 10 新品种证字第 11 号	京典北京鸭	配套系	北京南口鸭育种科技有限公司、中国农业大学、北京金星鸭业有限公司	
19	2022 年	农 01 新品种证字第 34 号	香雪白猪	配套系	上海交通大学、上海浦汇良种繁育科技有限公司、上海祥欣畜禽有限公司、浙江青莲食品股份有限公司	
20	2022 年	农 03 新品种证字第 26 号	杜蒙羊	新品种	内蒙古赛诺种羊科技有限公司、内蒙古农业大学、内蒙古自治区农牧业科学院、内蒙古大学	内蒙古自治区农牧业技术推广中心、乌兰察布市畜牧工作站、四子王旗畜牧业技术服务中心

续附表 4

序号	审定时间	证书编号	名称	类别	培育单位	参与培育单位
21	2022 年	农 03 新品种证字第 27 号	皖临白山羊	新品种	合肥博大牧业科技开发有限责任公司、安徽农业大学、安徽恒丰牧业有限公司、中国农业科学院北京畜牧兽医研究所、阜阳师范大学、安徽省牛羊产业协会、临泉县中原牧业发展中心	安徽省畜禽遗传资源保护中心、临泉县农业农村局、临泉县欣达生态羊业有限公司、临泉县天缘牧业有限公司、临泉县羊之源山羊养殖有限公司、临泉县瓦店镇黄大村山羊养殖专业合作社、临泉县宋集镇鑫源养殖厂、铜陵成贵牧业科技有限公司、六安市裕皖生物科技有限公司、合肥合丰牧业有限公司、定远县现代农业技术合作推广中心、肥东县动物疫病预防控制中心
22	2022 年	农 07 新品种证字第 10 号	甬青獭兔	新品种	余姚市欣农兔业有限公司、扬州大学、浙江省农业科学院	
23	2022 年	农 09 新品种证字第 96 号	光大梅岭 4 号肉鸡	配套系	浙江光大农业科技发展有限公司	
24	2022 年	农 09 新品种证字第 97 号	东禽 1 号麻鸡	配套系	山东纪华家禽育种股份有限公司、山东农业大学	山东新合心技术有限公司
25	2022 年	农 09 新品种证字第 98 号	裕禾 1 号黄鸡	配套系	珠海市裕禾农牧有限公司、华南农业大学	珠海市斗门区农业技术推广总站、珠海市现代农业发展中心、佛山科学技术学院
26	2022 年	农 09 新品种证字第 99 号	富凤麻鸡	配套系	广西富凤农牧集团有限公司	广西壮族自治区畜牧研究所、广西大学
27	2022 年	农 10 新品种证字第 12 号	武禽 10 肉鸭	配套系	武汉市农业科学院、华中农业大学	襄阳富襄现代农业开发有限公司、湖北省畜牧技术推广总站、湖北省农业科学院畜牧兽医研究所
28	2022 年	农 17 新品种证字第 24 号	中畜长白半番鸭	配套系	中国农业科学院北京畜牧兽医研究所、吉林正方农牧股份有限公司	
29	2022 年	农 17 新品种证字第 25 号	明湖春江	新品种	浙江省农业科学院蚕桑与茶叶研究所	
30	2022 年	农 17 新品种证字第 26 号	皖蚕 6 号	新品种	安徽省农业科学院蚕桑研究所	金寨县天丰桑蚕原种场有限公司、安徽联丰制丝有限公司、安徽珂欣茧业有限公司
31	2022 年	农 17 新品种证字第 27 号	楚风汉韵	新品种	湖北省农业科学院经济作物研究所	湖北省果茶办公室、罗田县三宝蚕种有限公司

续附表 4

序号	审定时间	证书编号	名称	类别	培育单位	参与培育单位
32	2022 年	农 17 新品种证字第 28 号	锦绣 3 号	新品种	湖南省蚕桑科学研究所、中国农业科学院蚕业研究所	常德市鼎城区蚕种场
33	2022 年	农 17 新品种证字第 29 号	云蚕 11 号	新品种	云南省农业科学院蚕桑蜜蜂研究所	
34	2023 年	农 01 新品种证字第 35 号	山下长黑	新品种	江西农业大学、江西山下华系种猪养殖有限公司、南昌师范学院	
35	2023 年	农 01 新品种证字第 36 号	乡下黑猪	新品种	广东壹号食品股份有限公司、中山大学、广东壹号地方猪研究院有限公司	华南农业大学、遂溪壹号畜牧有限公司
36	2023 年	农 01 新品种证字第 37 号	天府黑猪	新品种	邛崃市嘉林生态农场四川农业大学	四川省畜牧总站、成都市畜禽遗传资源保护中心
37	2023 年	农 07 新品种证字第 11 号	天府黑兔	新品种	四川农业大学	四川华恒农业发展有限公司、四川腾逸农业科技有限公司
38	2023 年	农 09 新品种证字第 100 号	容德黑羽小型蛋鸡配套系	配套系	河北容德家禽育种有限公司、中国农业大学、涿州市牧丰家禽有限公司、河北工程大学	
39	2023 年	农 10 新品种证字第 13 号	天府农华麻羽肉鸭配套系	配套系	四川农业大学、四川省畜牧总站、河南旭瑞食品有限公司	

附表 5 国家畜禽种业阵型企业分布

个

省（区、市）及生产建设兵团	破难题阵型	补短板阵型				强优势阵型				专业化平台				合计
	白羽肉鸡	生猪	奶牛	肉牛	羊	蛋鸡	黄羽肉鸡	肉鸭	蛋鸭	投资机构	育种服务	技术支撑	检测机构	
北京	1	3	1	0	0	2	0	1	0	1	3	2	3	17
天津	0	0	0	0	1	0	0	0	0	0	0	0	0	1
河北	0	0	1	0	0	0	0	0	0	0	0	0	0	1
山西	0	0	0	0	0	0	0	0	0	0	0	0	0	0
内蒙古	0	1	1	1	1	0	0	1	0	0	0	0	0	5
辽宁	0	0	0	0	0	0	0	0	0	0	0	0	0	0
吉林	0	1	0	3	0	0	0	0	0	0	0	0	0	4
黑龙江	0	0	0	0	0	0	0	0	0	0	0	0	0	0
上海	0	1	1	0	0	0	0	0	0	0	0	0	0	2
江苏	0	1	0	0	1	0	1	0	0	0	0	0	2	5
浙江	0	0	0	0	0	0	0	0	1	0	0	0	0	1
安徽	0	0	0	0	1	0	0	1	0	0	0	0	0	2
福建	1	1	0	0	0	0	0	0	0	0	0	0	0	2
江西	0	2	0	0	0	0	0	0	0	0	0	0	0	2
山东	0	0	1	0	1	0	1	2	0	0	0	0	0	5
河南	0	2	1	1	2	0	1	0	0	0	0	0	0	7
湖北	0	0	0	0	0	0	0	0	1	0	0	0	1	2
湖南	0	3	0	0	0	0	0	1	0	0	0	1	0	5
广东	1	4	0	0	0	0	5	0	0	0	0	1	1	12
广西	0	2	0	1	0	0	2	1	0	0	0	0	0	6
海南	0	0	0	0	0	0	0	0	0	0	0	0	0	0
重庆	0	1	0	0	0	0	0	0	0	0	0	0	1	2
四川	0	3	0	0	0	0	0	0	0	0	0	0	0	3
贵州	0	0	0	0	0	0	0	0	0	0	0	0	0	0
云南	0	0	0	0	0	0	0	0	0	0	0	0	0	0
西藏	0	0	0	0	0	0	0	0	0	0	0	0	0	0
陕西	0	0	0	0	0	0	0	0	0	0	0	0	0	0
甘肃	0	0	0	0	1	0	0	0	0	0	0	0	0	1
青海	0	0	0	0		0	0	0	0	0	0	0	0	0
宁夏	0	0	0	0	1	0	0	0	0	0	0	0	0	1
新疆生产建设兵团	0	0	1	1	0	0	0	0	0	0	0	0	0	2
合计	3	25	7	7	9	2	10	7	2	1	3	4	8	86

注：国家畜禽种业阵型企业共 86 家，其中温氏食品集团股份有限公司同时入选黄羽肉鸡强优势阵型和生猪补短板阵型，佛山市高明区新广农牧有限公司同时入选黄羽肉鸡强优势阵型和白羽肉鸡破难题阵型。

附表 6 全国种畜禽场（站）分布

个

省(区、市)及生产建设兵团	种畜禽场总数	种猪场	种奶牛场	种肉牛场	种羊场	种蛋鸡场	种肉鸡场	种鸭场	其他	种公畜站总数	种公牛站	种公羊站	种公猪站
北京	63	20	12	1	0	11	15	3	1	1	1	0	0
天津	23	11	3	2	2	1	3	0	1	4	1	0	3
河北	277	118	12	4	11	42	67	14	9	26	3	0	23
山西	314	189	15	8	36	14	25	4	23	13	1	0	12
内蒙古	509	101	58	65	179	5	6	15	80	12	5	2	5
辽宁	576	222	32	10	8	23	226	13	42	14	2	0	12
吉林	238	110	1	23	8	12	39	3	42	13	5	0	8
黑龙江	186	124	9	2	9	6	29	1	6	26	2	0	24
上海	40	20	1	0	1	3	2	0	13	2	1	0	1
江苏	319	161	7	0	9	20	74	29	19	23	0	0	23
浙江	230	75	2	2	40	7	28	17	59	7	0	0	7
安徽	434	215	6	7	9	37	72	26	62	8	1	0	7
福建	345	192	17	0	0	1	105	12	18	0	0	0	0
江西	258	163	0	4	8	26	30	8	19	7	1	0	6
山东	739	205	29	9	19	41	256	117	63	53	2	0	51
河南	423	257	16	5	23	32	59	10	21	77	4	0	73
湖北	360	247	0	12	7	43	23	8	20	58	2	0	56
湖南	349	260	1	12	1	14	34	3	24	64	1	0	63
广东	527	323	9	4	1	20	114	11	45	5	0	0	5
广西	262	165	2	9	1	4	58	4	19	12	2	0	10
海南	161	93	4	9	0	2	30	1	22	3	1	0	2
重庆	186	136	1	2	1	7	11	1	27	6	0	0	6
四川	514	343	7	13	5	17	37	6	86	87	1	5	81
贵州	146	114	2	5	2	7	9	1	6	4	1	0	3
云南	310	190	10	24	9	6	30	3	38	200	4	0	196
西藏	52	3	3	1	17	14	1	0	13	3	1	2	0
陕西	375	231	7	10	20	8	14	5	80	18	1	0	17
甘肃	248	68	15	34	109	4	1	0	17	14	1	1	12
青海	49	4	0	2	21	1	0	0	21	0	0	0	0
宁夏	49	9	19	3	5	5	5	0	3	1	1	0	0
新疆	157	17	13	10	90	3	5	0	19	3	2	1	0
新疆生产建设兵团	30	19	2	0	6	2	1	0	0	1	0	0	1
合计	8 749	4 405	315	292	657	438	1 409	315	918	765	47	11	707

注：统计数据截至 2023 年 12 月 31 日。

附表 7　2023 年主要种畜禽场（站）统计情况

种畜禽场（站）	场数 / 个	年末存栏量 / 只（头）	其中：能繁母畜存栏量 / 只（头）	当年出场种畜禽 / 只（头）	当年生产胚胎 / 枚	当年生产的精液 / 剂
一、种畜禽场总数	8 749	—	—	—	—	—
（一）种牛场	661	2 084 317	1 149 162	136 699	76 877	—
1. 种奶牛场	315	1 631 647	921 065	75 862	38 021	—
2. 种肉牛场	292	323 408	165 958	40 360	37 686	—
3. 种水牛场	12	3 197	1 810	389	0	—
4. 种牦牛场	42	126 065	60 329	20 088	1 170	—
（二）种马场	51	14 591	8 521	1 853	—	—
（三）种猪场	4 405	38 901 635	9 778 218	17 258 434	—	—
（四）种羊场	1 030	3 971 878	2 142 699	1 780 504	349 719	—
1. 种绵羊场	657	3 432 525	1 847 004	1 544 347	274 473	—
其中：种细毛羊场	85	364 877	208 260	108 535	43 844	—
2. 种山羊场	373	539 353	295 695	236 157	75 246	—
其中：种绒山羊场	121	105 537	63 520	38 442	1 032	—
（五）种禽场	2 294	—	—	—	—	—
1. 种蛋鸡场	438	33 531 976	—	—	—	—
其中：祖代及以上蛋鸡场	81	2 110 015	—	35 280 336	—	—
父母代蛋鸡场	357	31 421 961	—	—	—	—
2. 种肉鸡场	1 409	116 044 144	—	—	—	—
其中：祖代及以上肉鸡场	192	7 975 424	—	139 425 324	—	—
父母代肉鸡场	1 217	108 068 720	—	—	—	—
3. 种鸭场	315	16 953 795	—	—	—	—
4. 种鹅场	132	1 390 601	—	—	—	—
（六）种兔场	60	1 363 982	—	—	—	—
（七）种蜂场	104	65 392	—	—	—	—
（八）其他	144	—	—	—	—	—
二、种畜站总数	765	—	—	—	—	—
1. 种公牛站	47	6 880	—	—	—	44 850 043
2. 种公羊站	11	5 807	—	—	—	50 586
3. 种公猪站	707	157 280	—	—	—	51 248 487

注：统计数据截至 2023 年 12 月 31 日。